Holger Erutan

Der Haunebu-Antrieb

So funktioniert(t)en die legendären UFOs

Der Haunebu-Antrieb

So funktioniert(t)en die legendären UFOs

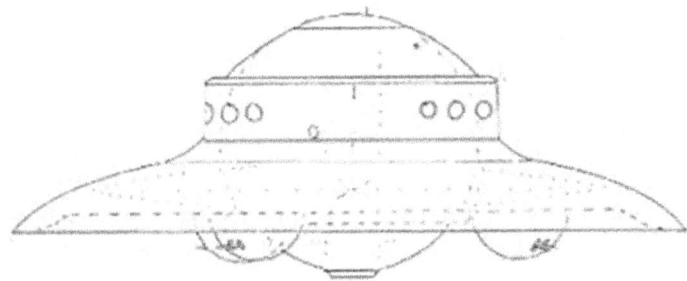

von Holger Erutan

© Copyright 2008 - 2017 by
Holger Erutan,
http://www.raumflugcenter.de
eMail: erutan@raumflugcenter.de

2. überarbeitete und erweiterte Auflage

Die Bilder der 2. Auflage sind teilweise dem Buch „Der Haunebu-Antrieb II - Über den (Nach)bau eines legendären UFOs" entnommen und greifen somit der Thematik des vorliegenden ersten Bandes vor.

Dieses Werk ist urheberrechtlich geschützt.
Nachdruck, Vervielfältigung oder Reproduktion auf andere Art und Weise sowie Übersetzung – auch auszugsweise – sind nur mit vorheriger schriftlicher Genehmigung des Autors gestattet.
Im Übrigen sind alle Rechte vorbehalten.

Autor: Holger Erutan

Herstellung und Verlag: BoD-Books on Demand, Norderstedt
ISBN: 978-3-7448-7387-1

Bibliografische Information der Deutschen Nationalbibliothek
Die Deutsche Nationalbibliothek verzeichnet diese Publikation in der Deutschen Nationalbibliografie; detaillierte bibliografische Daten sind im Internet über http://dnb.d-nb.de abrufbar.

Danksagung

Ganz besonderen Dank gilt dem Forum von
www.Hohle-Erde.de,
dessen Betreiber und Teilnehmer durch nie endende Denkanstöße maßgeblich zum Gelingen dieses Buches beigetragen haben.

Inhalt

Vorwort	9
Was sind Haunebus	13
George Adamksi und seine UFOs	19
UFOs und viel Esoterik drumherum	23
Die offiziellen Aussagen zu Haunebus	31
Verschiedene Konzepte	35
Die aktuelle Forschung	45
Die Entwicklung erster Rundflugzeuge	57
Legendäre Hubscheiben-Helikopter	65
Die BMW Flügelräder	
Der Schriever Flugkreisel	
Die Düsenscheibe Heinrich Fleißners	
Ein seltsamer Hybride	73
Not macht erfinderisch	79
Das Strahltiebwerk	
Das Raketentriebwerk	
Das Wasserstoffperoxid-Triebwerk	
Das Plasmatriebwerk	89
Hannes Alfven und das Plasma	101
Hendrik Antoon Lorentz	105
Der Aufbau des Plasmatriebwerks	109
Henri Coanda und der Coanda Effekt	123
Wie flogen Haunebus?	127
War das jetzt alles?	133
Alles Quatsch?	137
Patentrecherche	141
Warum nicht einfach bauen?	147
Glosssar	151

Ein Mensch hat dreierlei Wege, klug zu handeln:
Erstens: Durch Nachdenken - das ist der edelste
Zweitens: Durch Nachahmen - das ist der leichteste
Drittens: Durch Erfahrung - das ist der bitterste

Konfuzius

Der Haunebu-Antrieb
So funktionier(t)en die legendären UFOs

Vorwort

Dieses Buch unternimmt den Versuch, eine Thematik, die eng verknüpft ist mit dem dritten Reich und noch enger verknüpft mit modernen esoterischen Strömungen und Verschwörungstheorien, aus rein technischer, das heißt vollkommen unpolitischer Sicht unter die Lupe zu nehmen.

Wir wollen klären, ob die sogenannten HAUNEBUS, angebliche Wunderwaffen der Deutschen während des zweiten Weltkrieges, tatsächlich aus technischer Sicht existiert haben könnten und wie sie funktionierten.
Wir werden uns hierbei, wie schon gesagt, auf eine rein technische Betrachtungsweise stützen.

Das Buch räumt auf mit esoterischen Betrachtungsweisen über angebliche Geheimgesellschaften, welche die Baupläne für die Raumschiffe per Channel-Medium erhalten haben sollen.
Wir räumen auf mit Geschichten um phantastische Antigravitationsantriebe.
Aber wir räumen auch auf mit der These, daß es die Haunebus nie gegeben habe bzw. daß sie eine Erfindung diverser Verschwörungstheoretiker seien.

Am Ende dieses Buches werden Sie wahrscheinlich ebenso sicher sein wie wir es sind, daß es die Haunebus tatsächlich gegeben hat und daß sie wesentlich einfacher funktionierten als häufig propagiert.

Der Haunebu-Antrieb
So funktionier(t)en die legendären UFOs

Dieses Buch entzaubert einerseits den Mythos der Haunebus, gibt aber all jenen recht, die immer schon von ihrer Existenz überzeugt waren.

Von den ersten Flugscheiben über Hybrid-Flugzeuge bishin zu den Haunebus verfolgen wir die Entwicklung der Rundflugzeuge und ihrer Triebwerke. Sie werden sehen, daß diese Entwicklung völlig logisch und geradlinig verläuft – eine Tatsache, die zumindest jenen „Verschwörungs"-Theorien, die mit Esoterik durchsetzt sind, völlig fehlt, weshalb Flugscheiben und Haunebus bislang immer als Hirngespinste abgetan wurden.

Am Ende dieses Buchen werden Sie sich aber sicher die gleiche Frage stellen, die wir uns stellen:
Warum wird der Haunebu-Antrieb heute nicht genutzt? Und warum wird die Existenz der Haunebus offiziell geleugnet?
Ist es wirklich notwendig, die Treibwerkstechnologie so lange auf die Verbrennung von Öl auszurichten bis der letzte Tropfen Öl verbrannt ist?

Sie werden in diesem Buch einige Anleitungen finden, die Sie selber ausprobieren können, um herauszufinden, daß die beschriebenen Technologien wirklich nicht besonders schwer umzusetzen sind.
Wenn Sie die Experimente durchführen, achten Sie bitte auf Ihre Sicherheit.
An einigen Stellen des Buches wurden Baupläne veröffentlicht. Die Originale dazu befinden sich im Besitz des Autors.

Der Haunebu-Antrieb
So funktionier(t)en die legendären UFOs

Die Abbildungen dieses Buches sind – Format bedingt – stark verkleinert.
Sollten Sie Interesse an den Bauplänen in Originalgröße haben, wenden Sie sich bitte an den Autor oder den Herausgeber.

Autor: erutan@raumflugcenter.de
Herausgeber: graef@raumflugcenter.de

Diesem Buch sind zahlreiche Versuche und Recherchen vorausgegangen, die auch den Autor und dem Herausgeber in ihrer Eindeutigkeit überraschten.
Es ist geplant, eine Forschungs- und Entwicklungsgruppe ins Leben zu rufen, die den Nachbau eines Haunebu zum Ziel hat.
Ein Teil der Tantiemen für dieses Buch fließt in diese Gruppe.
Sollten Sie Interesse haben, bei dieser Gruppe mitzuwirken, so finden Sie auf der Webseite

http://www.raumflugcenter.de

weitergehende Informationen und die Möglichkeit, sich zu registrieren.

Last not least bleibt noch folgendes zu sagen, bevor wir Ihnen viel Spaß beim Lesen und Staunen wünschen:
Dieses Buch wurde – Ganz im Sinne von Repugno (lat. f.: ich leiste Widerstand) in der RICHTIGEN Rechtschreibung geschrieben; d.h. NICHT nach den Konventionen der neuen Rechtschreibung.

Der Haunebu-Antrieb
So funktionier(t)en die legendären UFOs

Was sind Haunebus?

Das erste mal, daß ich von diesen Flugkörpern gehört habe, war in einem, mittlerweile verbotenen, Werk eines Autors mit dem Pseudonym Jan van Helsing. *4
Einige Zeit erschien es mir, als habe dieser Mann die Haunebus erfunden.

Van Helsing beschrieb sie als glockenförmige UFOs, die einen geradezu phantastischen Antrieb besessen haben sollen. Es soll mindestens drei Modelle von ihnen gegeben haben, wobei das letzte Schiff als Großraum-transporter für die Reise zu einem anderen Planeten bestimmt gewesen sein soll.

Später fand ich heraus, daß besagter Autor die Thematik keineswegs erfunden, sondern aus anderen Quellen übernommen hatte. Es existierten offensichtlich (echte oder gefälschte) Dokumente sowie Fotografien zu den Haunebus und mit ihnen verwandte, sogenannte „Vril-Schiffe".

Zu diesen Dokumenten zählten u.a. Zeichnungen und Beschreibungen in Textform sowie teilweise handschriftliche Skizzen.

Es ist außerordentlich schwierig, diese Unterlagen als echt oder gefälscht zu verifizieren, nicht zuletzt, weil es scheinbar nur digitale Kopien davon zu geben scheint.

Doch auch wenn die Echtheit dieser Dokumente fraglich

Der Haunebu-Antrieb
So funktionier(t)en die legendären UFOs

ist, so bleibt die Tatsache, daß es bereits während des zweiten Weltkrieges gerüchteweise derartige Flugkörper gab und die Augenzeugenberichte diverser englischer Piloten aus der Zeit des zweiten Weltkrieges dies bestätigten, davon unberührt.

Ebenfalls unberührt davon, ob es sich bei den geschilderten Dokumenten um Fälschungen handelt oder nicht, bleibt die technische Realisierbarkeit, die Voraussetzung dafür ist, daß etwas möglicherweise existiert hat.

Nach weitgehender Darstellung der Esoterikszene, die häufig mit rechter Gesinnung verbunden wird, sich selber aber davon distanziert und von der „echten" rechten Szene auf Abstand gehalten wird, handelt es sich bei den Haunebus um die Weiterentwicklung mechanischer Flugscheiben, welche mit einer art „Hubscheibe", einer Ansammlung mehrerer Rotorblätter flogen oder geflogen sein sollen.

Haunebus sollen ebenfalls kreisrunde Flugzeuge gewesen sein, welche jedoch nicht mehr mittels mechanischer Rotorkraft flogen, sondern mittels eines „Thule-Triebwerks". Worum es sich bei diesem ominösen Thule-Triebwerk exakt gehandelt haben soll, darüber herrscht ebensowenig Einigkeit wie darüber, was die Thule-Gesellschaft, welche das Triebwerk entwickelt und finanziert haben soll, letztendlich sein sollte.

Einig ist man sich nur darüber, daß es sich um eine solch hoch entwickelte Technologie gehandelt haben muß, daß sie nur von Außerirdischen oder höheren Mächten stam-

Der Haunebu-Antrieb
So funktionier(t)en die legendären UFOs

men konnte.
Mehr zu diesem Thema erfahren Sie im Kapitel „UFO's und viel Esoterik drumherum".

Relativ große Ähnlichkeit wiesen die Haunebus mit dem von George Adamski propagierte und fotografierte UFO auf, während sie sich von den meisten anderen UFOs deutlich unterscheiden.
Das Zentrum wird beherrscht von einer großen Kugel, die zum Teil von einem glockenförmigen Schirm umgeben ist. An der Unterseite der Haunebus sind stets mehrere kleinere Kugeln angebracht, aus denen auf vielen Darstellungen Geschützrohre herausragen.
Die Form wurde im Laufe der Entwicklung vom Haunebu I bis Haunebu III immer professioneller. Während Haunebu I noch aussieht wie ein überdimensinierter Lampenschirm, ähnelt Haunebu III bereits sehr viel mehr dem Bild klassischer UFOs wie wir sie heute kennen.

Häufig wird auch eine vierte Generation von Haunebu kolportiert. Auf die Darstellung dieser Version wird hier verzichtet. Ich halte die Darstellungen für nicht authentisch, wenngleich ich die Existenz der Haunebus an sich nicht in Zweifel ziehe.

All die Haunebus aus Abb. 1-3 sollen raumflugtauglich gewesen sein. Haunebu III soll schlußendlich als Transportschiff für den Transport einer Reihe deutscher Politiker und Ingeneure jener Zeit zu einem fernen Planeten gedient haben. Die propagierte Größe dieses Raumschiffes ist beachtlich. Satte 71 Meter soll es im Durchmesser

Der Haunebu-Antrieb
So funktionier(t)en die legendären UFOs

gemessen haben.

Obwohl nicht einhellig, so wird den Haunebus von vielerlei Seiten zugeschrieben, daß sie von einem irisierenden Leuchten, ähnlich einem Polarlicht, umgeben sind und quasi geräuschlos fliegen.
Auch sollen sie zu schnellen Richtungsänderungen in der Lage sein.

Was die offizielle Haltung zum Thema Haunebu anbelangt, so wird deren reale Existenz schlicht bestritten.

Verschiedene politisch überkorrekte Besserwisser leiten gar in vorauseilendem Gehorsam das Wort Haunebu von hahnebüchen ab, was ebenso wenig fundiert ist wie die Aussage, Haunebus seien eine Erfindung rechtsgerichteter Verschwörungstheoretiker.

Bisweilen stößt man auch auf die Aussage, solche und ähnliche Projekte seien der seinerzeitigen Propaganda zuzuordnen, die darauf abzielte, den Kriegsgegner durch vermeintliche Wunderwaffen in Angst und Schrecken zu versetzen.

Der Haunebu-Antrieb
So funktionier(t)en die legendären UFOs

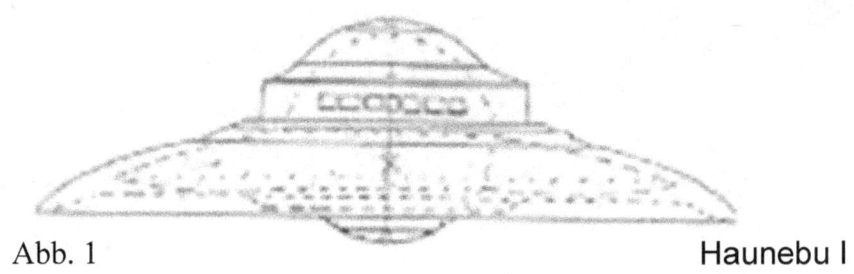

Abb. 1   Haunebu I

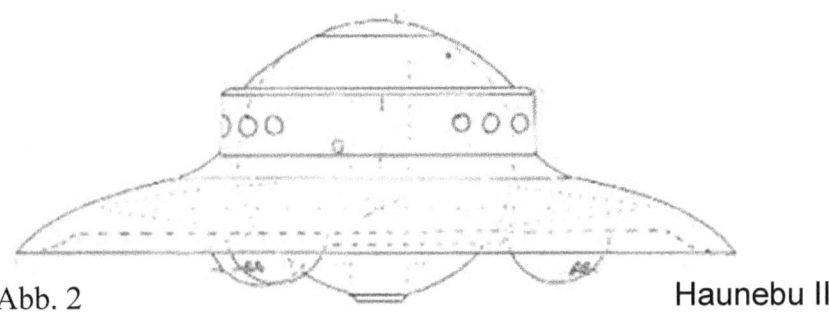

Abb. 2   Haunebu II

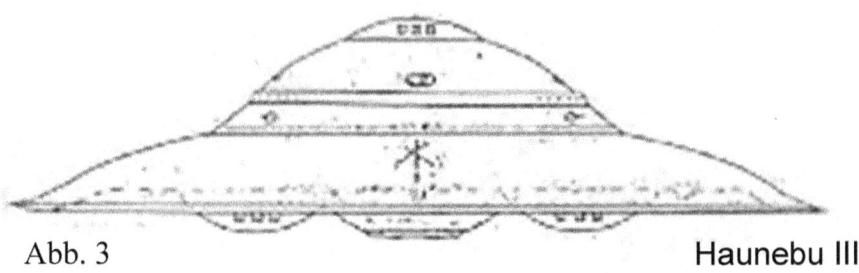

Abb. 3   Haunebu III

Der Haunebu-Antrieb
So funktionier(t)en die legendären UFOs

George Adamski und seine UFOs

Möglicherweise bekam das, was heute als Haunebu bezeichnet wird, seine Form durch einen Mann namens George Adamski, einem polnischstämmigen US-Amerikaner, der in der Zeit von 1946 bis ca. 1954 mehrere UFO-Sichtungen, teilweise der dritten Art, gemacht zu haben behauptete.

Ein von ihm am 13. Dezember 1952 fotografiertes UFO ähnelt der Skizze, die heute als Zeichnung von
Haunebu II bezeichnet wird. Es ähnelt aber auch einer (angeblich) in den fünfziger und sechziger Jahren produzierten Lampe bis ins Detail.
Trotz aufwendiger Recherche konnte allerdings kein

Abb. 4

Der Haunebu-Antrieb
So funktionier(t)en die legendären UFOs

Abb. 5

Hersteller ausfindig gemacht werden, der eine solche Lampe zum fraglichen Zeitpunkt (also vor Adamskis Fotografie) im Programm hatte.
(Ähnliche - aber nicht identische - Lampen werden allerdings sehr wohl in der Hühnerzucht verwendet.)

Die obige „Lampe" (Abb. 5) wurde erst lange nach den Adamski-Fotos angefertigt, und zwar speziell nach den Vorgaben Adamskis.

Man kann somit weder bejahen noch ausschließen, daß es sich bei den Bildern von George Adamski um Fälschungen und bei seinen Geschichten über die venusianischen Insassen der Raumschiffe um Erfindungen handelt.
Wenn dem jedoch so ist, dann sind all jene Leute diesem Hoax aufgesessen, die verzweifelt nach Beweisen für die

Der Haunebu-Antrieb
So funktionier(t)en die legendären UFOs

Existenz der deutschen Raumschiffe gesucht haben. Sie fanden einen scheinbaren Beweis und möglicherweise schufen sie daraufhin die Dokumente, die heute von unzähligen Menschen als Originalzeichnungen der Haunebus angesehen werden.

Wir können somit nicht mit Sicherheit davon ausgehen, daß die echten Haunebus eine solche oder ähnliche Glokkenform besaßen wie bislang behauptet wird.

Nach meiner Ansicht ist diese Form jedoch aus physikalischer Sicht für ein derartiges Flugobjekt geeignet, da die Glocke u.a. den sogenannten Coanda-Effekt unterstützt, auf den ich später noch zu sprechen komme.

Würde es nun zu weit führen, zu behaupten, Adamski habe keine Fälschung abgeliefert, die vermeintliche Lampe sei jedoch nur produziert worden, um Adamskis Fotos als Fälschung zu entlarven?
Ich möchte derartige Diskussionen nicht allzusehr vertiefen, da man keine endgültigen Antworten darauf findet.

Der Haunebu-Antrieb
So funktionier(t)en die legendären UFOs

UFOs und viel Esoterik drumherum

Gehören Sie zu den Lesern, die sich schon vor dem Kauf dieses Buches eingehend mit der Thematik auseinandergesetzt haben? Oder haben Sie zuvor noch nie von Haunebus und „Reichsflugscheiben" gehört?

Im letzteren Fall: Schnallen Sie sich an und halten Sie sich fest. Sie erhalten jetzt einen Schnellkurs in: „Wie man ein UFO baut".

Falls Sie sich schon früher für die Thematik interessiert haben und dieses Buch nicht das erste zum Thema ist, können Sie das Kapitel ruhigen Gewissens überspringen.

Um die Jahreswende 1917 / 1918, also zum Ende des ersten Weltkrieges, gründeten Mitglieder des sogenannten Germanenordens unter der Führung eines gewissen Rudolf von Sebottendorff eine geheime Gesellschaft, die nach einer mythologischen Insel THULE-GESELLSCHAFT genannt wurde.

Schnell zog die Thule-Gesellschaft einflußreiche Personen aus Politik und Adel sowie Richter, Akademiker, Ärzte und reiche Geschäftsleute an.

Ihre bekanntesten Mitglieder waren jedoch Maria Orschitsch, Karl Haushofer, Rudolf von Sebottendorf und Lothar Weiz, sowie zwei weitere Frauen, die als Sigrun und Traute benannt werden.

Der Legende nach bestand die Aufgabe der Thule-Gesellschaft darin, Kontakt zu einer außerirdischen Intelligenz aufzunehmen und das Wissen dieses Wesens oder dieser

Der Haunebu-Antrieb
So funktionier(t)en die legendären UFOs

Wesen zu erlangen.

Hierzu nahmen die Medien Maria Orschitsch, Sigrun und Traute telepathischen oder telepathieähnlichen Kontakt (heute als „Channeling" bezeichnet) zu der außerirdischen Wesenheit auf. Diese soll den Medien dann all ihr Wissen in einer uralten Sprache (nach Meinung einiger Autoren war es Sumerisch, nach anderen Aussagen eine noch ältere, „atlantische" Sprache) übermittelt haben und wurde von diesen aufgezeichnet.

Nachdem man die Sprache schlußendlich übersetzt hatte, fanden sich u.a. auch Baupläne für revolutionäte Antriebssysteme, mit denen man weltalltaugliche Raumschiffe bauen und ausstatten konnte.

Um das gesammelte Wissen praktisch in die Tat umzusetzen, ging aus der, rein esoterisch ausgerichteten Thule-Gesellschaft, nach einiger Zeit die auf Praxis orientierte Vril-Gesellschaft hervor.

Diese begann sofort damit, das von der Thule-Gesellschaft gesammelte Wissen in die Tat umzusetzen und baute zunächst 1922 ein Gerät, das mit dem vielsagenden Namen „JENSEITSFLUGMASCHINE" betitelt wurde.

Dabei soll es sich um ein untertassenförmiges Flugschiff gehandelt haben, das mit drei Scheiben bestückt war welche übereiander gelagert waren. Die oberste Scheibe soll einen Durchmesser von sechs Metern, die mittlere eine Durchmesser von acht Metern und die untere einen Durchmesser von sieben Metern gehabt haben. Alle drei

Der Haunebu-Antrieb
So funktionier(t)en die legendären UFOs

Scheiben sollen zentriert einen Durchbruch mit einem Durchmesser von 1,80 Metern gehabt haben, worin das Antriebsaggregat montiert gewesen sei, welches selber 2,40 Meter hoch gewesen sein soll.

Dieses Antriebsaggregat soll nach unten hin eine spitz zulaufende Verlängerung gehabt haben, welche in das Kellergeschloß des Hauses reichte, in dem diese ersten Versuche gestartet wurden.

Diese kegelförmige Verlängerung soll als Pendel zur Stabilisierung des gesamten Gerätes gedient haben.

Die zeichnerischen Quellen, die die Existenz der Jenseitsflugmaschine belegen sollen, sind mehr als dürftig. Lediglich eine krakelige Handzeichnung mit der angeblichen Unterschrift Victor Schaubergers darunter soll übrig geblieben sein.

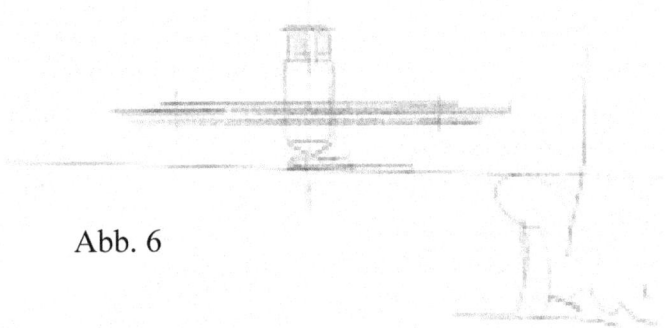

Abb. 6

Ganz dem Wirken Schaubergers entsprechend soll die Jenseitsflugmaschine dann auch auf Basis der Schaubergerschen Implosionstheorie geflogen sein.

Der Haunebu-Antrieb
So funktionier(t)en die legendären UFOs

Da stellt sich natürlich zwangsläufig die Frage, warum die Vril-Gesellschaft auf die Erfindungen Schaubergers zurückgreifen mußte, wenn ihr doch das telepathisch empfangene Wissen der Thule-Gesellschaft zur Verfügung stand...

Zwei Jahre lang, also bis etwa 1924, soll mit der Jenseitsflugmaschine (die ja eigentlich wohl eher keine echte FLUGMASCHINE gewesen sein kann, da sie ein stabilisierendes Pendel im Kellergeschoß brauchte) experimentiert worden sein, bevor sie demontiert wurde.

Das aus den Experimenten mit der Jenseitsflugmaschine gesammelte Wissen soll dann in den Bau der sogenannten Vril-Triebwerke geflossen sein, die einen Vorläufer bzw. eine abgespeckte Version der sogenannten Thule-Triebwerke darstellen sollen, womit schlußendlich die Haunebus ausgerüstet wurden.

Immer wieder tauchen illustre Namen auf, die einen Teil des Wissens zu den unglaublichen Technologien der Vril-, und Thule-Gesellschaft beigesteuert haben sollen, sei es nun wissent- und willentlich, oder einfach dadurch, daß sie zufällig in einem Gebiet forschten, das zur Lösung des Problems beitragen konnte.
Hier werden u.a. Hans Coler genannt, Nikola Tesla, Victor Schauberger u.v.a..

Parallel zu den besagten Vril- und Thule-Triebwerken bzw. den damit ausgerüsteten Raumschiffen, sollen Versuche stattgefunden haben, die nur auf den ersten Blick ins

Der Haunebu-Antrieb
So funktionier(t)en die legendären UFOs

Bild passen, tatsächlich aber technologisch weit entfernt sind von Haunebu & Co.

Hierbei handelt es sich um Rundflugzeuge, die entweder auf dem Nurflügel-Prinzip oder aber auf einem Hubscheibenprinzip basieren. Erstere Rundflugzeuge oder Flugscheiben zählen zu den Flugzeugen, letztere strenggenommen zu den Helikoptern.

Ich werde in einem späteren Kapitel detaillierter auf diese Erfindungen eingehen, die insbesondere den Ingeneuren und Erfindern Dr. Richard Miethe, Rudolf Schriever und Habermohl sowie BMW zugeschrieben werden.

Am Ende dieser Flugscheiben-Phase stand ein Fluggerät, das eine gewisse Sonderstellung einnimmt, weil es sich schwer einordnen läßt. Es handelt sich dabei weder um ein Haunebu, noch um eine mechanisch durch Propeller- oder Düsenkraft angetriebene Flugscheibe. Sie wird als MIETHE, SCHRIEVER, HABERMOHL UND BELLUZZO – FLUGSCHEIBE bezeichnet und scheint – ganz im Gegensatz zu ihren Vorgängern – ein echtes Ufo zu sein. Sehr interessant ist die Tatsache, daß es ein Patent zu dieser Erfindung gibt. Dieses Patent wird uns noch mehrere Male beschäftigen, wenn ich genauer auf die Flugscheibenentwicklung eingehe und auch auf meine eigene Theorie zum Haunebu-Antrieb.

So weit die mehr oder weniger esoterisch angehauchte Geschichte der deutschen fliegenden Untertassen wie sie weltweit kursiert. Sie wird gerne und häufig in marginalen Teilen abgewandelt und mit einer Vielzahl an Bildern, Zeichnungen, Zeitungsausschnitten und Texten untermauert.

Der Haunebu-Antrieb
So funktionier(t)en die legendären UFOs

Sie ist nur in Teilen wirklich nachvollziehbar und beim Gedanken an eine Wissensübermittlung durch Telepathie oder Channeling sträuben sich mir, ehrlich gesagt, die Nackenhaare. Nichtsdestotrotz scheinen die Flugscheiben jedoch durchaus Realität gewesen zu sein.

Was ich, neben dem Channeling für reine Erfindung halte, ist u.a. die Jenseitsflugmaschine. Die Zeichnung selber mag nicht einmal gefälscht sein. Doch erinnert sie eher an ein Statikmodell als an ein Raumschiff. Sich drehende Scheiben dieses Ausmaßes herzustellen fällt überdies selbst heutigen Ingenieuren schwer, da sie nicht die geringste Unwucht aufweisen dürfen. Kaum zu glauben, daß so etwas gleich am Anfang einer Entwicklungsreihe gestanden haben soll.

Die Thule-Gesellschaft als solches gab es tatsächlich. Der offiziellen Meinung zufolge wurde sie von Mitgliedern des Germaniaordens gegründet.
Bei der Vril-Gesellschaft scheiden sich allerdings schon wieder die Geister. Definitive Fakten für ihre Existenz gibt es nicht, und auch über ihre Mitglieder ist nichts bekannt. Vielmehr ist der Name wie auch viele andere Begriffe gleichen Umfeldes faktisch nur nachweisbar über einen Roman von Edward Bulwer-Lytton mit dem Titel „The Coming Race" (das kommende Geschlecht). Der Roman erschien 1871, also vor der kolportierten Entstehung der Vril-Gesellschaft.

Somit ist ausgeschlossen, daß dieser Roman sich die Begrifflichkeiten aneignete, um etwa Behauptungen von Ver-

Der Haunebu-Antrieb
So funktionier(t)en die legendären UFOs

schwörungstheoretikern ad absurdum zu führen.

Nicht ausgeschlossen ist hingegen die Möglichkeit, daß die Vril-Gesellschaft tatsächlich existierte und Namen bzw. Begrifflichkeiten von Edward Bulwer-Lytton übernahm. Diese Vermutung liegt u.a. auch deshalb auf der Hand, weil es um 1930 zahlreiche Veröffentlichungen mit den Begrifflichkeiten des Edward Bulwer-Lytton gegeben hat.

Man beachte allerdings, daß es sich bei der veröffentlichenden Gesellschaft der in Abb. 7 abgebildeten Schrift nicht etwa um die Vril-Gesellschaft handelte, sondern um eine, sich selber als „Reichsarbeitsgemeinschaft Das kommende Deutschland" bezeichnende Gruppierung.

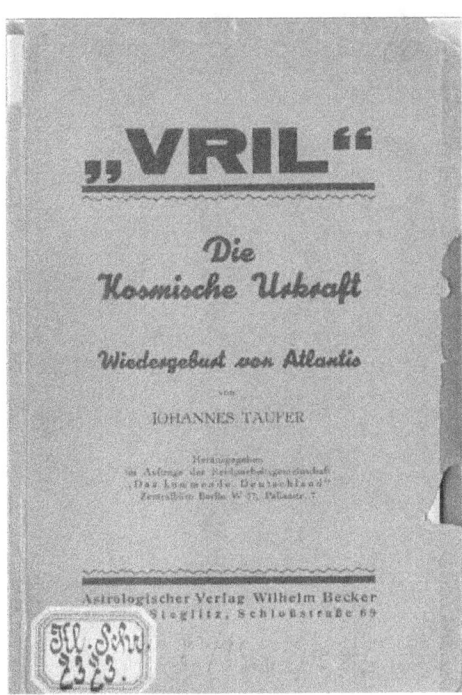

Abb. 7

Der Haunebu-Antrieb
So funktionier(t)en die legendären UFOs

Es handelt sich also keineswegs um einen Beweis für die Existenz der Vril-Gesellschaft, wohl aber um einen Beweis für die Auseinandersetzung mit der sogenannten „Vril-Kraft" zu jener Zeit.

Der Haunebu-Antrieb
So funktionier(t)en die legendären UFOs

Offizielle Aussagen zu den Haunebus

Der oftmals enorm esoterisch anmutenden Gesellschaft derer, die von der Existenz der Haunebus überzeugt sind, steht eine *vermeintlich* aufgeklärte Wissenschaft und ein *vermeintlich* aufgeklärter Journalismus gegenüber.

Das Bestreben der offiziellen Betrachtungsweise der Haunebus besteht im Leugnen. Dabei geht es vorrangig um die Verneinung, das dritte Reich sei zum Kriegszeitpunkt im Besitz einer Technologie gewesen, die hätte kriegsentscheidend sein können, oder die allenfalls einem edlen Alliierten zugestanden hätte; getreu dem Motto: Fiese Schurken sind dumm und können keine neuartigen Triebwerke konstruieren.

Dabei kann man sich jedoch nicht gänzlich von der Thematik lösen und sie ins Reich der Mythen unf Fabeln bzw. als das Hirngespinst esoterisch angehauchter Rechtspopulisten abtun, denn die ganze Geschichte fußt (zumindest nach offizieller Darstellung) auf aktenkundigen Berichten alliierter, hauptsächlich englischer Kampfpiloten. Diese gaben an, von seltsamen, leuchtenden Objekten verfolgt worden zu sein, die sich weder identifizieren noch abschütteln ließen.

Man taufte diese Objekte kurzerhand „Foo Fighters".
Nach dem Sieg der Alliierten begann man fieberhaft mit der Suche nach einer Erklärung für die Foo Fighters und fand offensichtlich brisante Unterlagen über mehr oder

Der Haunebu-Antrieb
So funktionier(t)en die legendären UFOs

weniger geheime Versuche deutscher Wissenschaftler und Privatpersonen, die den Schluß nahelegten, hier sei man mit der Entwicklung einer neuen Generation von Flugzeug beschäftigt gewesen, ja einer ganz neuen Technologie.

Den Engländern fielen die Unterlagen eines Kapitän Hans Coler in die Hände aus denen hervorging, daß dieser scheinbar eine Lösung dafür gefunden hatte, Energie buchstäblich aus dem Nichts zu erzeugen.
In Windeseile gingen sie daran, diese Unterlagen von einer Prüfungskommission überprüfen zu lassen und kamen zu Ergebnissen, die sie aufschrecken ließ.

Diese Ergebnisse können Sie übrigens mittlerweile einsehen. Sie befinden sich nicht länger unter Verschluß.

Schlußendlich – und das ging aus den frühen Interviews englischer Bürger hervor – waren seinerzeit zahlreiche Menschen der Überzeugung, in Deutschland habe man unmittelbar vor der Fertigstellung einer neuartigen Technologie und wahrscheinlich auch einer furchtbaren Waffe gestanden.

Dieser Überzeugung wurde schon zu Beginn der Nachkriegszeit erfolgreich entgegengewirkt. Sie flammte erst so richtig wieder mit Aufkommen des Internets auf.

Offensichtlich gibt es weder auf Seiten der Haunebu Befürworter, noch auf offizieller Seite das Bestreben, die Haunebus und ihre Technologie aus rein technischer Sichtweise zu betrachten, statt nur aus politischer.

Der Haunebu-Antrieb
So funktionier(t)en die legendären UFOs

Man kann doch einem Volk, mag man es auch noch so hassen und verachten, wohl kaum technische Meisterleistungen absprechen, sofern diese stattgefunden haben.

In anderen Fällen wurde dies auch nicht getan, vielleicht auch, weil sich diese Technologie – samt Erfinder und Fachpersonal – exportieren ließ.

So bei der Raketenentwicklung und Wernher von Braun, der nach dem Krieg zum Volkshelden der USA wurde, weil er das deutsche Know How der A4 Raketen nach Amerika brachte und dort das amerikanische Raumfahrtprogramm startete.

Anderes Fachpersonal wurde in die Sowjetunion verbracht und trug dort in den Jahren nach dem zweiten Weltkrieg zu der Raumfahrtentwicklung der Soviets bei.

Auch England profitierte von deutscher Technologie des zweiten Weltkrieges. Dorthin wurde die Strahltriebwerkstechnologie verbracht, auf deren Grundlagen die heute hochmodernen Rolls Royce Triebwerke aufbauen, die in quasi allen Passagiermaschinen eingesetzt werden.

All diese Technologien werden völlig unpolitisch, als rein technische Errungenschaften, betrachtet. Warum gelingt dies nicht auch bei der Haunebutechnologie, die sich – wie wir später noch sehen werden – gar nicht so sehr von den vorgenannten Technologien unterscheidet?

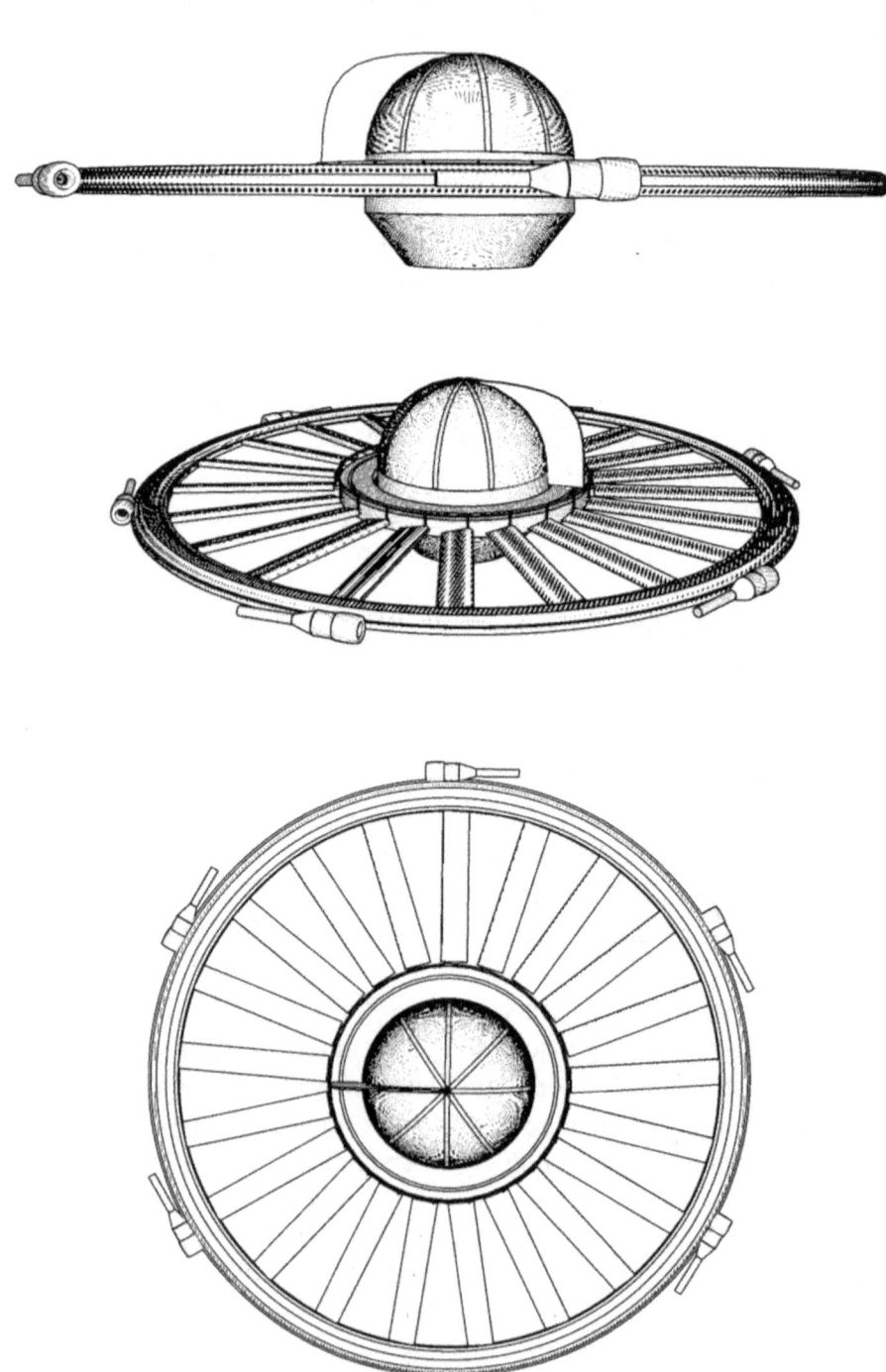

Der Haunebu-Antrieb
So funktionier(t)en die legendären UFOs

Verschiedene Konzepte

Unter denjenigen, die von der Realität menschengemachter UFOs überzeugt sind, gibt es sehr unterschiedliche Strömungen, die sich sich nicht immer sauber auseinanderdividieren lassen.

Nicht immer haben die Ideen und Vorstellungen mittelbar oder unmittelbar etwas mit Haunebus und anderen sogenannten „Reichsflugscheiben" zu tun und manchmal werden unterschiedliche Herangehensweisen einfach miteinander vermischt.

Nach dem zweiten Weltkrieg brach eine regelrechte Erfinderwelle zum Thema UFO Antrieb aus, die u.a. durch die Medienberichterstattung über deutsche UFOs ausgelöst worden war. Hier und da finden sich aber auch Namen und Bezeichnungen, die darauf schließen lassen, daß es sich um Überbleibsel reichsdeutscher Entwicklung handeln mag, die – teilweise aus dem Gedächtnis – rekonstruiert wurde.

Dieser UFO Hype löste einen Amateurforscher-Boom aus. Überall bildeten sich mehr oder weniger lockere Gruppierungen, um dem Phänomen auf den Grund zu gehen. Ihre Ansichten differierten und differieren teilweise sehr weit auseinander. Die meisten Forscher stützen sich auf mindestens einen der nachfolgend genannten Vordenker.

Der Haunebu-Antrieb
So funktionier(t)en die legendären UFOs

Victor Schauberger

Als eine der größten „Gegenströmungen" zu den im vierten Kapitel aufgezeigten esoterischen Channel-Grundgedanken um die Herkunft und Funktionsweise eines Raumschiffantriebs, hat sich eine Gruppe gebildet, die Erfindungen des österreichischen Försters Victor Schauberger als eigentliches Konzept für die Raumschiffe des zweiten Weltkrieges ansieht. Hierbei steht insbesondere eine als „REPULSINE" bezeichnete Erfindung Schaubergers im Mittelpunkt.

Auffallend an diesem Gebilde ist vor allen Dingen, daß es schon rein äußerlich an ein UFO erinnert.
Die Annahme, daß Schaubergers Erfindungen zum Bau der Haunebus verwandt wurde wird auch dadurch geschürt, daß Schauberger angesichts seiner Verdienste unmittelbar mit Adolf Hitler in Kontakt kam, der offensichtliches Interesse an Schaubergers Arbeit bekundete.

Schlußendlich wurde Schauberger nach Kriegsende in den USA festgehalten und nur gegen Unterzeichnung einer Verzichtserklärung an seinen Erfindungen zurück in die Heimat entlassen.

Den offensichtlichen Anhaltspunkten, die dafür sprechen, daß Schaubergers Erfindungen etwas mit den Haunebus zu tun haben, steht der Umstand entgegen, daß Schaubergers „Repulsine" gar nicht als Flugkörper gedacht war, sondern vielmehr als Heimkraftwerk.
Daß es bei einem Testlauf zerstört wurde, scheint sicher.

Der Haunebu-Antrieb
So funktionier(t)en die legendären UFOs

Daß es hingegen geflogen sein soll, scheint allerdings eine später hinzugedichtete Behauptung zu sein.

David Hamel

Wer sich mit UFO-Technologie auseinandersetzt, kommt an David Hamel nicht vorbei. Seine Technologie hat ebensowenig mit den esoterischen Grundgedanken zu den Haunebus zu tun, wie mit Haunebus überhaupt.

Genau genommen kann man sich nur schwer erklären, daß und warum seine Flugzeuge fliegen sollen, da sein Konzept im Kern eigentlich nichts anderes ist, als ein Motor, der rein auf Permanentmagneten basiert.

Anders ausgedrückt: Hamel behauptet, ein Konzept gefunden zu haben, mit dem es möglich ist, eine fortlaufende Bewegung auf ausschließlicher Basis von Permanentmangnet-Energie zu erzeugen.

Sehr stark vereinfacht basiert alles darauf, die Kraft zweier, sich abstoßender Magnete zu nutzen und ihr natürliches Ausbrechen in geordnete Bahnen zu lenken. Gestartet wird die Maschine, indem zwei Initialmagnete auf den richtigen Abstand zueinander gebracht werden, so daß sie sich abzustoßen versuchen. Diese Energie soll dann eine Kettenreaktion weiterer Magnete auslösen, die schlußendlich zu einer funktionierenden Maschine (eigentlich einem Kraftwerk) führen soll.

Angeblich soll Hamels erster Versuch dadurch misslungen

Der Haunebu-Antrieb
So funktionier(t)en die legendären UFOs

sein, daß sein Kraftwerk plötzlich vom Boden abhob, in den Himmel flog und seitdem nicht mehr aufgetaucht ist. Er arbeitete seitdem offiziell an einem zweiten Versuch, den er vielen Leuten vorstellte und von dem es viele Bilder gibt, der aber nie fertiggestellt wurde.
Leider verstarb David Hamel, so daß sein Raumschiff wohl nie fertiggestellt werden wird.

Der Versuch, Permanentmagnete als Energiequelle zu nutzen, ist nicht neu. Bislang ist es jedoch scheinbar noch niemandem gelungen.

Otis T Carr.

Der 1904 geborene und 1982 verstorbene Otis T. Carr behauptete, er könne ein UFO bauen, mit dem es möglich sei, den Mond in weniger als einem Tag zu erreichen.

Seine Technologie nannte er „Utron-Technologie". Sie ist recht komplex und undurchsichtig. Wahrscheinlich wurde Carr u.a. von John Searl und dessen Searl Effect Generator inspiriert und forschte, darauf aufbauend, auf eigene Faust weiter.

Wie auch von David Hamel und so vielen anderen UFO-Konstrukteuren, ist von Carr kein wirklich flugfähiges Modell bekannt geworden, wenngleich seine Utron Technologie recht interessant ist.

Carr ließ am 10. November 1959 ein UFO patentieren. Dabei handelte es sich jedoch keineswegs um ein flugfähi-

Der Haunebu-Antrieb
So funktionier(t)en die legendären UFOs

ges Modell, sondern um ein als „Amusement Device" bezeichnetes Kinderspielzeug, das fest im Boden verankert wird und lediglich die Form eines UFOs aufweist.

John Searl

Die Forschungsarbeiten Searls beeinflußten sowohl spätere Entwicklungen von David Hamel (der sein UFO zeitweise als „Poor mans Searl disk" bezeichnete, also als „Searl Flugscheibe des armen Mannes"), als auch Otis T. Carr.

John Searl arbeitete in einem Werk, in dem Elektromotoren gebaut und gewartet wurden, und hatte die Möglichkeit, die Herstellung von Permanentmagneten zu studieren.
Er entwickelte spezielle Permanentmagnete und verbaute sie zu Einheiten unterschiedlicher Größe, die er „Searl Effect Generator" nannte.
Wie auch Hamel berichtete er, daß seine Erfindung von alleine abhob und durch die Luft flog obwohl sie doch eigentlich als Energiegenerator gedacht war.

Searl wurde später wegen illegaler Manipulation des Stromnetzes verfolgt, nachdem er – nach eigenen Aussagen – sowohl sein eigenes Haus als auch umliegende Gebäude – über seinem Searl Effect Generator – mit kostenloser freier Energie versorgt hatte.

Seine Anhänger behaupten, man habe seine Erfindung unterdrücken wollen und deshalb vorgeschoben, er habe sich

Der Haunebu-Antrieb
So funktionier(t)en die legendären UFOs

heimlich am öffentlichen Stromnetz bedient, während er dieses in Wirklichkeit gar nicht benötigt habe, da er seine Energie aus den von ihm entworfenen SEGs beziehe.

Searl lud immer wieder Presse und Medienvertreter zu Demonstrationen und Verifizierung seiner Erfindung ein, blieb einen letzendlichen Beweis jedoch schuldig, da er – nach offiziellen Aussagen – immer Gründe fand, die Demonstrationen zu verschieben.

Kapitän z.S. Hans Coler

Coler ist der wohl einzige Erfinder eines unbestrittenen Erzeugers freier Energie. Kurz nach dem Zweiten Weltkrieg befaßte sich eine britische Untersuchungs-kommission umfassend mit seinen beiden Erfindungen, dem „Magnetstromapparat" (auch Konverter genannt) und dem „Stromerzeuger", und kam zu dem überraschenden Ergebnis: Ja, diese Geräte funktionieren; aber es ist zum derzeitigen Stand der Technik nicht erklärbar, warum sie funktionieren.

Hans Coler begann mit der Entwicklung seiner Maschinen kurz nach Beendigung des ersten Weltkrieges und war damit beschäftigt, sie mithilfe von Partnern industriell zu vermarkten, was allerdings mit dem Ausbruch des Zweiten Weltkrieges verhindert wurde.

Es ist bekannt, daß seine Erfindungen von Wissenschaftlern oder Politikern des Dritten Reiches besondere Beachtung fanden.

Der Haunebu-Antrieb
So funktionier(t)en die legendären UFOs

In dem sogenannten BIOS-Report, dem britischen Untersuchungsbericht also, ist auch ein sogenannter „OKM-Report", durchgeführt von einem Dr. Fröhlich, enthalten. OKM steht hier für Oberkommando der Kriegsmarine.

Zahlreiche UFO-Forscher sind der Ansicht, daß die Operation Paperclip dazu diente, an das geheime Wissen über die Haunebus zu gelangen. Daß man die Informationen Colers beschlagnahmte, scheint – so gesehen – ein Hinweis darauf zu sein, daß sie etwas mit den Haunebus zu tun hatten. Daß sie ganz offensichtlich tatsächlich funktionieren, gibt dieser Annahme zusätzliche Nahrung.

Allerdings muß man ganz klar sehen, daß Coler niemals an einem Antriebssystem oder einem Fluggerät forschte. Vielmehr war er in den wirtschaftlich schwierigen Nachkriegsjahren, die mit großen Energieproblemen einhergingen, bemüht, ein Gerät zu entwickeln, das ohne herkömmliche Energieträger auskommt.

Er basaß offenbar ein tieferes Verständnis für die Kraft, die Permanentmagneten innewohnt. Überliefert sind, daß er ein Elektron mit dem Südpol eines Permanentmagneten gleichsetzte, und daß er der magnetischen Kraft eine Schwingung unterstellte, die er mit 180 kHz angab.

Es scheint, als betrachtete er die Kraft eines Permanentmagneten als „eingefrorene Energie", die freigesetzt werden kann. Das ist jedoch nur meine Interpretation aus den wenigen überlieferten Zitaten und Behauptungen, die einerseits von Coler selbst stammen, andererseits von den

Der Haunebu-Antrieb
So funktionier(t)en die legendären UFOs

Wissenschaftlern, die seine Erfindungen überprüften.

Leider sind keine Originalgeräte von Coler erhalten geblieben und auch die Nachbauten, die durch die britische Überprüfungskommission entstanden, wurden offenbar anschließend wieder zerlegt.

Bedauerlich ist ebenfalls, daß nur der (recht unbrauchbare) Magnetstromapparat so gut beschrieben und gezeichnet wurde, daß heute ein halbwegs problemloser Nachbau möglich ist, während der (wesentlich interessantere) Stromerzeuger so lückenhaft beschrieben ist, daß bis heute kein Nachbau gelang.

Ich habe selber schon zahlreiche Versuche gestartet, dieses Gerät nachzubauen und bin dabei jahrelang gescheitert.

Allerdings scheine ich der Lösung des Problems durch die Studien einer gänzlich anderen Erfindung näher gekommen zu sein.

Im kommenden Jahr ist ein weiterer Versuch mit den entsprechenden Änderungen geplant. Ich bin sehr gespannt, ob dieser Versuch von Erfolg gekrönt sein wird. Sofern das der Fall ist, werde ich meine Ergebnisse veröffentlichen.

Der Haunebu-Antrieb
So funktionier(t)en die legendären UFOs

Nikola Tesla

Tesla werden nicht nur die Erfindungen zur Ermöglichung des Antigravitationsantriebs zugeschrieben, sondern quasi alle möglichen geheimen oder halbwegs geheimen Erfindungen von jener Zeit bis heute. So soll auch die Vorrichtung, die beim sogenannten „Philadelphia-Experiment" zum Einsatz kam, auf seinen Erfindungen beruhen, ebenfalls eine, als HAARP bekannte Station in den USA, mit der es angeblich möglich sein soll, das Wetter zu kontrollieren.

Der Grund dafür könnte sein, daß Tesla tatsächlich ein genialer Erfinder war. Auf sein Konto geht nicht nur der Wechselstrom und die dazu benötigten Stromerzeuger, sondern auch die drahtlose Übertragung von Signalen. Kein Wunder, daß er schon zu Lebzeiten als wahrer „Magier" galt.

Daß seine Erfindungen jedoch zu einem Antriebssystem für ein Raumschiff oder gar einem Gravitationstriebwerk genutzt wurden, dafür gibt es keine Belege und es gibt auch keine Hinweise, die darauf hindeuten könnten.

Dies sind sicherlich die wichtigsten, wenn auch nicht alle Gruppierungen, die sich mit menschengemachten UFOs beschäftigen.

Daneben existieren noch weitere Gruppen und Einzelpersonen, die eine UFO-Technologie nichtmenschlichen Ur-

Der Haunebu-Antrieb
So funktionier(t)en die legendären UFOs

sprungs erforschen. Hier ist vor allen Dingen ein Mann namens Robert (Bob) Lazar zu nennen, der vorgibt, auf einer US-Geheimbasis am Papoose Lake auf einem militärischen Sektor 4 gearbeitet zu haben und dort mit außerirdischer Technologie konfrontiert worden zu sein.

Sein UFO wird jedoch mit einem Material (Element 115) betrieben, das auf der Erde in stabiler Form nicht vorkommt und derzeit auch nicht erschaffen werden kann. Somit handelt es sich bei seinen Behauptungen um ein rein theoretisches Modell, das auf absehbarer Zeit nicht praktisch überprüft werden kann.

Der Haunebu-Antrieb
So funktionier(t)en die legendären UFOs

Die aktuelle Forschung

Davon ausgehend, daß es die unglaublichen Antriebssysteme gab und mit der Niederlage im Zweiten Weltkrieg verloren gingen, tauchen immer wieder Mutmaßungen bishin zu komplexen Bauplänen und Anleitungen auf, mit denen sich ein Haunebu-Antrieb realisieren lassen soll.

Hier sind einige interessante Beispiele:

In einem Internetforum, das sich mit der Thematik auseinandersetzt, wurde von einem User, der seinen wahren Namen nicht nannte und sich als Mr.X [*2] bezeichneten, folgende Mutmaßung gemacht:

Zitat:
In meinen Augen war der Thule-Tachyonator nichts anderes als ein geschlossener sich selbst speisender Schwingkreis. Dieser Schwingkreis, bestehend aus sechs im exakten Sechseck zueinander positionierten Induktionsspulen mit einem Magnetkern (kein Ferrit) (siehe Hans Coler sein berümter Tachyonen Converter), wurde abgestimmt, bis eine Spannung an den Enden der Spulen vorlag. Diese Spannung muss sich gebildet haben, wenn die Magnete in richtigen Abstand zu einander gebracht wurden und durch die Skallarwellen (siehe Tesla)....

Der Haunebu-Antrieb
So funktionier(t)en die legendären UFOs

An dieser Stelle zunächst einmal ein kurzer Hinweis:

Hier geht der Verfasser also von Hans Colers Erfindung als Ausgangspunkt für den Haunebu Antrieb aus. Allerdings verwendet er den Magnetstromapparat als Referenz und nicht etwa den Stromerzeuger.
Die erzeugte Spannung des Magnetstromapparats ist minimal und kaum nutzbar. Zudem benötigt die Vorrichtung, die von Kapitän Hans Coler vor dem Zweiten Weltkrieg erfunden wurde, eine sehr lang andauernde und aufwändige Einstellprozedur bis sie „läuft".

weiter mit der Beschreibung von Mr.X [...]

Damit das Ganze einen geschlossenen Schwingkreis bilden konnte, kommen jetzt die gegenläufig rotierenden Scheiben eines sehr großen Plattenkondensators ins Spiel. Die Platten wurden mittels Elektromotoren in gegenläufige Richtung gebracht (um ein Trägheitsmoment zu eliminieren). Der Plattenkondensator hat einen Durchmesser von ca. 26-38 Meter. [...] Durch die zwei Scheiben verlief ein Anker, der gleichzeitig auch die zentrale Aufhängung für das ganze Dostra [*Andere Bezeichnung für Haunebu, Anmerkung des Verfassers*] diente und auch seine elektrische Eigenschaften bestimmte.
Zwischen diesen zwei Scheiben war eine sogenannte Plattenspule. Sie war mechanisch fest, jedoch nicht elektrisch mit dem Anker verbunden. Der Schwingkreis mußte unbedingt in Resonanz stehen mit der Erdeigenschwingung, die ja mit 7,8 Hertz glaube

Der Haunebu-Antrieb
So funktionier(t)en die legendären UFOs

ich, oder so, angegeben ist. Jetzt lieferte der Coler-Tachyonator überschüssige Energie (siehe nochmals Teslas Scalarwellentheorie), die abgenommen werden konnte, um die zwei Platten in gegenläufige Richtung zum Sich-Drehen zu bringen, mittels Elektromagneten, die knapp oberhalb und unterhalb der Scheiben angeordnet waren. Zwischen den Platten entsteht jetzt ein sehr starkes elektrisches Feld, das gleichzeitig eine Spannungsinduzierung in der Plattenspule zwischen den zwei Kondensatorplatten hervorbrachte. Diese wurde ebenfalls in den ersten Schwingkreis eingespeist, und dadurch baut sich ein horizontal sehr schnell rotierendes elektromagnetisches Feld auf, das in seiner Vertikalen ein stehendes elektrostatisches Feld beinhaltet. Da das elektromagnetische Feld eine sehr hohe Dichte hat und gleichzeitig in Resonanz mit dem Erdmagnetfeld steht (logische Schlussfolgerung aus der Resonator Schwingkreis Frequenz) und gleichzeitig auch Oberwellen erzeugt die um ein Vielfaches Gleiches der Ausgangsfrequenz sind, schirmt sich das System von jeglichen äußeren Kräften und Feldeinflüssen ab. Jetzt muss man nur noch die Elektromagnete zur Richtungsänderung anspeisen. Und das geschieht durch Anzapfen der Energie am Tachyonator selbst. Man gibt dort Spannung hin, wo man hinfliegen will. Das heißt das Schiff fliegt dort hin, wo das kleinere elektrische Potential ist (Ausgleich). Der Converter speist sich selbst durch Scalarfelder und Scalarwellen, und die Energieabgabe steigt proportional mit der Leistungsentnah-

Der Haunebu-Antrieb
So funktionier(t)en die legendären UFOs

me. Deshalb muss man das Ding fliegen, um die überschüssige Leistung zur Richtungssteuerung anzuzapfen, da sich das System sonst übersättigt und eventuel durch Überspannung Schäden auftreten würden an den Spulen.(Stillschwebefähigkeit angegeben meistens mit ca. 20 min so viel ich weiß)

Aus dem Grund, da ja das gesamte Dostra als ein Resonanzkörper anzusehen ist, ist er in seiner Gesamtheit von allen äusseren Feldern und Kräften abgeschirmt und deshalb kann er ohne daß die Besatzung im Inneren etwas spürt, Richtungsänderungen 90 Grad oder je nach Belieben, abrupt wie es ihnen gefällt, sowie auch abruppte Stops oder Beschleunigungen durchführen, ohne das jemand Schaden nimmt.

[...]
Zitat Ende

Die Beschreibung ist teilweise recht interessant. Ihr Verfasser ist der Ansicht, daß ein Haunebu-Antrieb im Großen und Ganzen aus einem sogenannten Coler Converter besteht. Dieses Gerät gibt es tatsächlich. Es wurde in den 1920er Jahren von Kapitän z.S. Hans Coler erfunden.
Zum Ende des Zweiten Weltkrieges wurden alle Pläne von England beschlagnahmt.
1946 wurde die Apparatur vom British Intelligence Objectives Sub-Committee nachgebaut und untersucht. Ein Teil der Ergebnisse wurde unter dem Titel

Der Haunebu-Antrieb
So funktionier(t)en die legendären UFOs

*Final Report # 1043, The Invention of Hans Coler, Relating to an Alleged New Source of Power;
Reported by R. Hurst, M.Sci.
BIOS Trip # 2394 ~ BIOS Target # C31/4799*

veröffentlicht.

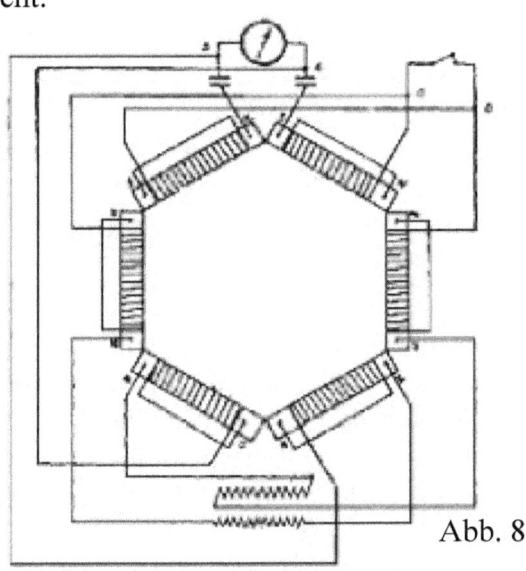

Abb. 8

Den mehrseitigen Bericht in englischer Sprache können Sie u.a. auf folgender Webseite nachlesen: *http://www.rex-research.com/coler/colerb.htm*

Einen Coler Magnetstromapparat können Sie übrigens auch selber mit relativ geringen Mitteln nachbauen. Es ist allerdings enorm schierig, ihn „einzuschalten". Er besitzt keinen Einschaltknopf. Stattdessen muß der Abstand der Magnete immer wieder nachjustiert werden, bis eine Spannung erzeugt wird. Manch ein Hobbybastler gab an

Der Haunebu-Antrieb
So funktionier(t)en die legendären UFOs

dieser Stelle schon entnervt auf, da die Prozedur bisweilen mehrere Tage oder gar Wochen erfolglos verlaufen kann. Auf eine detaillierte Bauanleitung wird an dieser Stelle verzichtet. Sie finden reichlich Anleitungen im Internet.

Es mag möglicherweise der Fall gewesen sein, daß ein Coler Magnetstromapparat in den Haunebus verwendet wurde, doch die Wichtigkeit, die Mr.X ihm zubilligt, teile ich nicht.
Manch ein Amateurforscher setzt meiner Ansicht nach allzu schnell „Freie Energie" mit Antigravitation gleich, frei nach dem Motto: Was freie Energie erzeugt, das fliegt auch.

Zudem war der Magnetstromapparat aus Colers Sicht wohl eher ein Funktionsmodell. Die Spannung, die es liefert ist so gering, daß sie kaum meßbar ist (wenngleich aber beachtlich ist, daß überhaupt eine Spannung – quasi aus dem Nichts – für praktisch unbegrenzte Zeit erzeugt werden kann).
Der Coler Stromerzeuger basiert zwar auf den gleichen Prinzipien wie der Magnetstromapparat, ist aber dennoch gänzlich anders aufgebaut.
Aber auch andere Ideen machen im Internet die Runde. Ein User schreibt von einem „Quecksilbertriebwerk" [*3]

> Zitat:
> „Ich glaub eher, falls die Haunebus wirklich einen Quecksilber-Antrieb hatten, dann eher in der Form der ominösen Glocke. Ich glaub aber eher, daß sie den ganz normalen Thule-Antrieb benutzten.

Der Haunebu-Antrieb
So funktionier(t)en die legendären UFOs

Wie man einfach mit drehendem Quecksilber ein starkes Magnetfeld erzeugen kann, ist simpel: Sieh dir an wie ein Homopolargenerator funktioniert. BTW: Man kann einen Homopolargenerator auch so bauen, dass das induzierte Magnetfeld in die gleiche Richtung zeigt, wie das Erregerfeld. Diese sind dann „self-exciting", wie Tesla das genannt hat. Das heisst nicht, dass diese selbstlaufend sind, sondern nur, dass sie selbst ihr Erregerfeld aufbauen. Damit kann man übrigens extrem starke Magnetfelder aufbauen."
Zitat Ende

Neben beinahe bodenständigen Vorschlägen gibt es aber auch solche, deren Verfasser vermutlich selber nicht so recht wissen, was sie da schreiben.
Hier ein Beispiel: *6

Zitat:
„In einer Antischwerkraftbetriebenen Scheibe, werden Antischwerkraft und Schwerkraft je nach Anziehung (Fallkraft) und Abstossung (Auftrieb) miteinander relativiert.
Der Auftrieb durch Antischwerkraft schafft ein Magnetfeld, in jenem er sich bewegt und
neutralisiert oder schliesst Schwerkraftwellen aus.
Darum ist kein energiebetriebener Motor nötig, da diese Technik via Naturkraftsteuerung funktioniert.
In dem Motor muss sich ein Generator befinden, der je nach Knopfdruck diese Kraftfelder schafft und sie in Geschwindigkeiten einbindet.
So wird das natürliche Fallgewicht genauso durch Mit-

Der Haunebu-Antrieb
So funktionier(t)en die legendären UFOs

wirkung von Antischwerkraftswellen gesteuert, die es dann verlangsamen als der Auftrieb durch Mitwirkung von Schwerkraftwellen, die ihn dann verlangsamen.
Kurzum: jeder Auftrieb und Abtrieb wird durch das Einbinden von Anti- und Schwerkraftwellen- die im gegenseitigen Zusammenspiel wirken, gesteuert.
Das wäre das Grundwissen."
Zitat Ende

Neben solch rein theoretischen Diskussionen an denen sich die unterschiedlichsten Personen beteiligen, gibt es aber auch einige Wenige, die praktische Versuche unternehmen.

An vorderster Front sei hier Jean Louis Naudin zu nennen, der auf seiner Webseite *http://www.jlnlabs.org* die Ergebnisse seiner unterschiedlichsten Projekte zum Thema Raumschifftriebwerk und Freie Energie zur Verfügung stellt.
Naudin ist einer der seltenen Vertreter seiner Zunft, die praktische Versuche unternehmen.
Ich werde im weiteren Verlaufe dieses Buches noch häufiger auf ihn zu sprechen kommen denn er hat einige sehr interessante Entdeckungen gemacht.
So erfand er beispielsweise ein kleines Modell-UFO, das ausschließlich auf Basis des Coanda-Effekts fliegt und steuerbar ist und veröffentlichte seine Baupläne. Doch dazu päter mehr.

Der Haunebu-Antrieb
So funktionier(t)en die legendären UFOs

Abb. 9

Last not least soll an dieser Stelle auch nicht vergessen werden, daß selbst die US Air Force eine eigene offizielle Forschung zur Flugscheibentechnologie betrieben hat. Dabei handelte es sich um ein helikopterähnliches Fluggerät, das zwar tatsächlich geflogen ist, jedoch wohl eher nicht den gestellten Anforderungen entsprach.

Es hatte den schönen Namen VZ-9-AV Avrocar und wurde in den 1950er Jahren von der kanadischen Firma Avro Aircraft Ltd. nach dem Patent eines Flugzeugingeneurs namens John Frost gebaut. Das Projekt wurde 1961 beendet. Das Patent des Herrn Frost ist heute noch einsehbar unter der Patentnummer
US 3,124,323.

Der gleiche Erfinder hat übrigens noch sechs weitere Flug-

Der Haunebu-Antrieb
So funktionier(t)en die legendären UFOs

scheibenpatente angemeldet, und zwar unter den Patentnummern **US 3,020,003**, **US 3,002,963**, **US 3,024,966**, **US 3,051,414**, **US 3,051,415** und **US 3,051,417**

Wie Sie nahezu jedes Patent kostenlos einsehen und sogar als pdf-Datei herunterladen können, zeige ich Ihnen zu einem späteren Zeitpunkt in diesem Buch. Ich werde Ihnen dann auch einige weitere interessante Patentnummern nennen, die Ihnen die Suche erleichtern werden.

Machen Sie bitte nicht den Fehler, Patentabschriften zu kaufen. Der Verkauf von Patentabschriften scheint zwar nicht illegal zu sein, aber in den meisten Fällen rentiert sich die eigene Recherche deutlich eher.
Der Kauf von Patentabschriften macht quasi nur dann Sinn, wenn es sich um eine sehr große und unübersichtliche Sammlung einzelner Dokumente handelt und auch nur dann, wenn diese über einen Index und eine Suchfunktion aufwändig katalogisiert wurden.

Sie werden sehen, daß es eine Fülle patentierter Erfindungen gibt, die so interessant sind, daß es einem schier den Atem raubt, die aber nie in die Tat umgesetzt wurden. Die Gründe dafür sind mannigfaltig.

Oft geschieht es, daß Patente von Unternehmen aufgekauft werden, denen die Erfindung wirtschaftlichen Schaden zufügen könnte.
So wird ein Hersteller von Waschmitteln selbstverständlich kein Interesse an einer Waschmaschine haben, die

Der Haunebu-Antrieb
So funktionier(t)en die legendären UFOs

gänzlich ohne Waschmittel auskommt; wer am Erdöl verdient wird kein Interesse an Motoren und Heizungen haben, die ohne Erdöl auskommen u.s.w.
Oftmals sind es aber auch die fehlenden Mittel, die die praktische Umsetzung einer Erfindung verhindern. Kleine Erfinder verfügen oft weder über die nötigen Geldmittel noch über die zur Herstellung benötigten handwerklichen Fähigkeiten, um ihre Erfindung zu bauen.

Damit soll jedoch nicht gesagt sein, daß jede Erfindung so funktioniert wie vom Erfinder beschrieben.
Da eine praktische Demonstration nicht Voraussetzung für die Patentanmeldung ist, wird lediglich geprüft, ob gemachte Behauptungen hinsichtlich herrschender Naturgesetze möglich sind.

So wird man keine Maschine patentieren lassen können, die beispielsweise auf telepathischen oder telekinetischen Fähigkeiten beruht, wohl aber eine, die behauptet, mithilfe naturwissenschaftlicher Techniken (z.B. der Elektronik) solche Fähigkeiten hervorrufen zu können, indem sie beispielsweise bestimmte Hirnregionen stimuliert.

Der Haunebu-Antrieb
So funktionier(t)en die legendären UFOs

Die Entwicklung erster Rundflugzeuge

Lassen Sie uns nun das Feld der Mutmaßungen und wilden Phantasien verlassen und uns auf die Spuren echter, historischer Rundflugzeuge bzw. Flugscheiben begeben.

Einige der nachfolgend vorgestellten Flugzeuge hat es – offizieller Geschichtsschreibung zufolge – eindeutig gegeben. Einige andere sind weniger gut beschrieben, doch auch sie hat es zweifellos gegeben.

Abb. 10

Zur ersteren Kategorie gehören sicherlich die Erfindungen eines gewissen Arthur Sack, einem 1900 geborenen und 1964 gestorbenen Landwirt und Hobbytüftler, der, neben Igo Ettrich und den Gebrüdern Horten, einer der ersten Flugzeugbauer war, der sich mit dem Konzept der Nurflügler befaßte.

Der Haunebu-Antrieb
So funktionier(t)en die legendären UFOs

Insbesondere die USA sind heute ganz versessen auf Nurflügler, aber zu jener Zeit hielt man in Amerika das Nurflügel-Konzept für phantastische Spinnerei.

Arthur Sack entwickelte um 1936 mehrere Nurflügel-Modelle, die als AS-1 bis AS-6 bezeichnet wurden.

Daß seine als „fliegende Pfannkuchen" bezeichneten Flugzeuge heute ihren festen und unverrückbaren Platz in der Geschichtsschreibung haben, lag sicherlich auch an dem Umstand, daß sie insgesamt relativ unbrauchbar waren. Einige Modelle konnten nicht einmal selbständig starten und alle wiesen ein vergleichsweise instabiles Flugverhalten auf.
Sie eignen sich gut dazu, die Entwicklung von Flugscheiben in Deutschland des Zweiten Weltkrieges herunterzuspielen, ja, lächerlich zu machen.
So werden sie von den Gegnern der Flugscheiben- und UFO-Technologie immer als Paradebeispiel deutscher Rundflugzeug-Entwicklung angegeben.
Tatsächlich jedoch hatten die Modelle Arthur Sacks nichts mit der Entwicklung der eigentlichen Flugscheiben zu tun…außer dem Umstand, daß sie zufällig rund (oder zumindest annähernd rund) waren.

Nurflügler erscheinen uns noch heute wie UFOs und sie haben auch heute noch die gleichen Schwächen wie Arthur Sacks Erfindungen: Ein instabiles, kaum beherrschbares Flugverhalten. Heute wird das Manko durch eine aufwändige Steuerelektronik ausgeglichen.

Der Haunebu-Antrieb
So funktionier(t)en die legendären UFOs

Wie und warum man schlußendlich darauf kam, das Prinzip des Helikopters, also Auftrieb durch sich drehende „Tragflächen" zu erzeugen, in ein Flugscheibenkonzept einzubetten, ist unklar.

Klar ist hingegen, daß die ersten, ernstzunehmenden Flugscheiben Deutschlands nach dem Grundprinzip des Helikopters oder Gyrokopters funktionierten.

Allerdings verfügten sie nicht über den normalerweise obligatorischen Rotor oberhalb der Pilotenkanzel, sondern sie besaßen eine Art „Rotor-Ring", die HUBSCHEIBE, auf halber Höhe der Kanzel, der die Kanzel umkreiste.

Dies verlieh ihnen die typische UFO-Optik.

Wer die ersten Modelle dieser Art baute, läßt sich leider nicht exakt klären. Die meistgeteilte Ansicht hierzu ist, daß maßgeblich die Herren Miethe, Schriever und Habermohl an Bau und Entwicklung dieser Art der Flugscheiben beteiligt gewesen sein sollen. Auch der Name Heinrich Fleißner taucht immer wieder auf. Es soll ebenfalls am Bau diverser Flugscheiben mitgearbeitet haben und ließ sich eine dieser Technologien im Jahre 1960 sogar patentieren.

In seinem Buch „Die Realität der Flugscheiben"[*1] behauptet der Autor Andreas Epp jedoch, er sei der Urvater dieser Flugscheibengeneration gewesen. Letztendlich entwickelte Epp jedoch ein *weiteres* Grundmodell deutscher Flugscheiben und zwar eines, daß stark an das oben gezeigte Avrocar der US Air Force erinnert. Er nannte diese Er-

Der Haunebu-Antrieb
So funktionier(t)en die legendären UFOs

findung Omega Diskus. Es existiert auch eine Patentanmeldung hierzu, und zwar unter der Patentnummer **DE 19818945**.

Im Gegensatz zu den klassichen Flugscheiben mit einem einzelnen, großen, umlaufenden Rotor, besaßen die Flugscheiben Epps mehrere kleinere Rotoren, die kreisförmig im Chassis eingelassen waren, sowie einen großen Hauptrotor.

Inwieweit die Eppschen Flugscheiben eine historische Rolle gespielt haben, liegt ebenso im Dunkeln wie die Frage nach dem tatsächlichen Erfinder bzw. dem ersten Flugscheibenmodell.

Ich persönlich gehe davon aus, daß die ersten Flugscheiben einfache Hubscheiben-Gyrokopter waren.

Ihr Hubrad wurde höchstwahrscheinlich passiv angetrieben, d.h. es besaß keinen sich drehenden Motor, der das Problem des Drehmoments hätte aufkommen lassen können, sondern vielmehr wurde das Hubrad entweder durch kleinere, außen angebrachte Strahltriebwerke oder durch ein zentral an der Kanzel angebrachtes Strahltriebwerk in Drehung versetzt.
Somit war eine Stabilisierung der Kanzel überflüssig.

Beim sogenannten BMW I V1 soll unter Kanzel und Hubrad ein großes, mit dem Auspuff nach oben (gen Hubrad) gerichtetes Strahltriebwerk angebracht gewesen sein. Die austretenden heißen und superschnellen Gase versetzten

Der Haunebu-Antrieb
So funktionier(t)en die legendären UFOs

das Hubrad letztendlich in eine Drehbewegung und stabilisierten gleichzeitig die Gierachse des Fluggeräts.
Auch die Weiterentwicklungen BMW I V3 und BMW II V3 sollen mit ähnlichen Antriebseinheiten ausgerüstet gewesen sein.
Man schaffte sich mit einem solchen Antrieb natürlich von vorn herein eine Menge Probleme vom Hals. Allerdings dürfte die enorme Temperaturerhöhung des Hubrades, die sicherlich mit einer Ausdehung des Materials einherging, möglicherweise für Probleme gesorgt haben.

Dennoch: Man stelle sich bloß einmal den Anblick dieses UFOs mit seinem glühenden, hell leuchtenden, möglicherweise gar funkensprühenden Hubring vor. Welch eindrucksvolles Fluggerät!

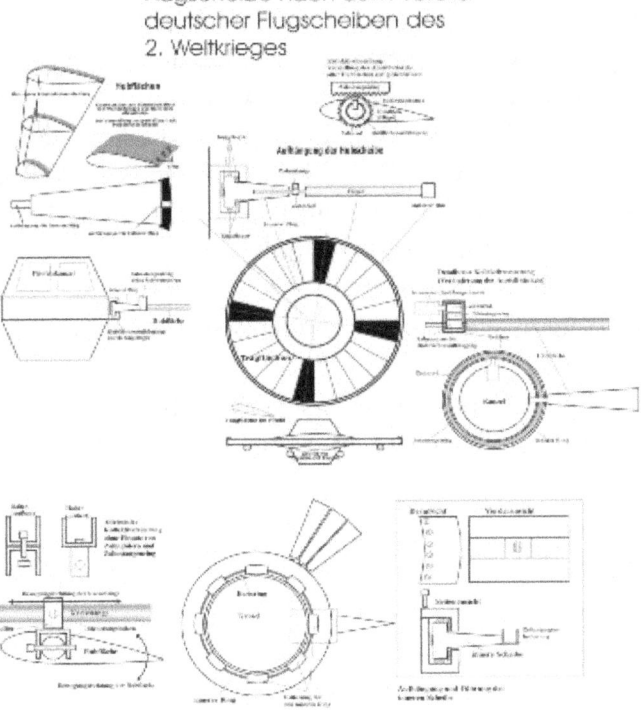

Flugscheibe nach dem Vorbild deutscher Flugscheiben des 2. Weltkrieges

Der Haunebu-Antrieb
So funktionier(t)en die legendären UFOs

Abb. 11 zeigt einen Teil eines Bauplans zum Nachbau einer Hubscheiben-Flugscheibe. Bei Interesse am vollständigen Plan in Originalgröße wenden Sie sich bitte an den Autor dieses Buches.

Man stellt sich unwillkürlich die Frage nach dem Grund für diese extravagante Form für mehr oder weniger simple Helikopter. Warum bauten wir in Deutschland nicht ganz einfach „normale" Hubschrauber, die einen Rotor oben auf dem Dach haben?

Angeblich sollen diese Hubscheiben-Helikopter unglaubliche Flugleistungen in Geschwindigkeit und Wendigkeit erbracht haben. Gleichzeitig sollen sie jedoch auch nur schwer kontrollierbar gewesen sein.

Es ist die Rede von zahlreichen Unfällen und Abstürzen. Möglicherweise lag dies daran, daß eine komplett umlaufende Hubscheibe sehr viel schwieriger auszuwuchten ist, als die beiden Rotorblätter eines normalen Helikopters, was dann höchstwahrscheinlich zu starken Vibrationen und letztendlich zu unkontrollierten Flugmanövern samt Abstürzen geführt haben könnte.

Des öfteren wird jedoch ein ganz anderer Grund ins Feld geführt:
So sollen diese frühen Flugscheiben als Testmodell für die fliegerischen Eigenschaften der späteren Haunebus gedient haben.

Das ist für mich schon alleine deshalb nicht nachvollzieh-

Der Haunebu-Antrieb
So funktionier(t)en die legendären UFOs

bar, weil beide Flugzeuge auf vollkommen unterschiedlichen Technologien aufbauen und somit ihre Flugeigenschaften quasi in keinem einzigen Punkt miteinader verglichen werden könnten.

Ist es möglich, daß die Flugeigenschaften eines Hubring-Helikopters um so vieles besser sind als die eines normalen Helikopters? Und wenn ja, warum?

Oder gab es diese Flugscheiben-Generation am Ende gar nicht wie einige Skeptiker gerne behaupten? Begann und endete die deutsche Flugscheibentechnologie mit Arthur Sacks mißlungenem Nurflügler?

Ein Zeitungsbericht aus der Augsburger Neuen Presse vom 2. Mai 1980 zeichnet ein anderes Bild.

Abb. 12

Der mittlerweile 76-jährige Fleißner sei der „Vater der fliegenden Untertassen" und könne derartige Flugscheiben jederzeit wieder bauen. Die Amerikaner hätten sich das Patent zu seiner Düsenscheibe geschnappt.

Der Haunebu-Antrieb
So funktionier(t)en die legendären UFOs

Das klingt nicht danach, daß die Flugscheiben eine reine Propaganda des zweiten Weltkriegs waren; nur dazu da, den Kriegsgegner einzuschüchtern.

Der Haunebu-Antrieb
So funktionier(t)en die legendären UFOs

Legendäre Hubscheiben-Helikopter

In diesem Kapitel möchte ich etwas näher auf ganz bestimmte Flugscheiben der Hubscheiben-Helikopter-Entwicklung zu sprechen kommen, die in gewisser Weise legendär geworden sind.

Die BMW-Flügelräder

Beginnen wir mit den sogenannten BMW-Flügelrädern. Diese sollen am Anfang der Flugscheibentechnologie gestanden haben.
BMW bestreitet allerdings, jemals solche oder ähnliche Flugzeuge gebaut zu haben.
Nichtsdestotrotz gehören die Flügelräder wohl zu den berühmtesten Flugscheiben, nicht zuletzt aufgrund ihres typischen, sehr einfachen und genialen Antriebs.

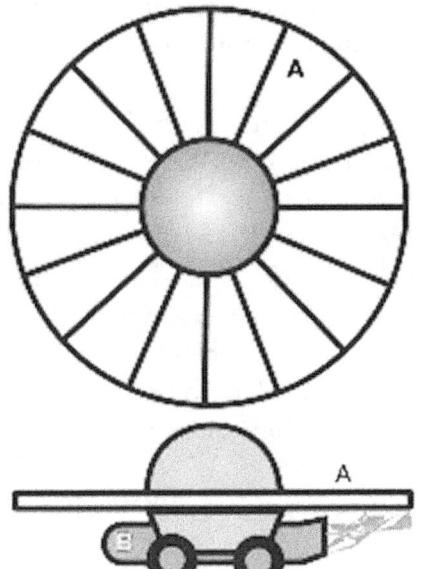

Abb. 13

Der Haunebu-Antrieb
So funktionier(t)en die legendären UFOs

Unter der Hubscheibe (A) saß ein einzelnes Strahltriebwerk (B) dessen hinteres Abgasrohr auf die unterseite der Hubscheibe (des „Flügelrades") gerichtet war.
Startete der Pilot nun das Triebwerk, so erzeugten die heißen und hochbeschleunigten Abgase des Triebwerks eine Drehbewegung der Hubscheibe, welche schlußendlich die Flugscheibe in die Luft hob.
Dabei ist zu beachten, daß die Hubscheibe selbst wahrscheinlich nur für die vertikale Flugachse zuständig war und nicht – wie beispielsweise beim modernen Helikopter – auch für die horizontale. Für die horizontale Flugachse, also den Vortrieb, sorgte ebenfalls das Strahltriebwerks.
Spätere Modelle verfügten über eine Heckflosse, mit der das Flugzeug wahrscheinlich gesteuert wurde bzw. die es zusätzlich stabilisierte.

Genial ist dieser Antrieb, weil er ohne aufwändige Mechanik auskommt und ein enormes Problem (selbst moderner Helikopter) mit einem Schlag beseitig.

Moderne Helikopter werden zumeist von einem Kolbenmotor angetrieben, der eine Welle dreht, welche mit den Rotorblättern verbunden ist. Nun stellt sich natürlich die Frage, ob der Motor den Rotor über der Kabine zum Drehen bringen soll oder ob er die Kabine unter dem Rotor zum Drehen bringen soll. Die gängigste Form bei modernen Helikoptern, dieses Problem in den Griff zu bekommen, ist, mittels eines Heckrotors gegen die ungewollte Drehbewegung der Kabine zu steuern.

All diese Probleme hatte das BMW Flügelrad sicherlich

Der Haunebu-Antrieb
So funktionier(t)en die legendären UFOs

nicht, da zwischen Kabine und Hubrad keine Antriebseinheit saß.

Der Schriever-Flugkreisel

Ein weiteres, berühmtes Modell stammt von Rudolf Schriever, wurde jedoch erst nach dem Zweiten Weltkrieg von Schriever aus dem Gedächtnis heraus für einen Artikel des Magazins „Der Spiegel" gezeichnet. Der Artikel erschien am 30. März 1950. Die Überschrift lautete: „Sie fliegen aber doch".
Der darin veröffentliche, von Rudolf Schriever gezeichnete Flugkreisel, wurde anschließend von Luftfahrtingeneuren untersucht und für fluguntauglich befunden.
Wie hätte es auch anders sein können, erschien der Bericht doch in einem Magazin, das für seinen vorauseilenden Gehorsam und seine politische Korrektheit berühmt ist.

Über die letzten beiden Flugscheiben, die ich Ihnen etwas genauer beschreiben möchte, existieren sehr viel detailliertere Informationen, als über die vorangegangenen.

Die Düsenscheibe Heinrich Fleißners

Die erste von ihnen stammt von Heinrich Fleißner. Er behauptet, selber bei der Entwicklung und dem Bau der Flugscheiben beteiligt gewesen zu sein und entwarf nach Kriegsende eine Flugscheibe, die er patentieren ließ.

Nun muß man wissen, daß Patentämter zwar nicht jede einzelne Aussage, die ein Patentanmelder macht, überprü-

Der Haunebu-Antrieb
So funktionier(t)en die legendären UFOs

fen kann, daß aber sehr wohl geprüft wird, ob es sich bei der Erfindung um ein ernsthaftes, schützenswertes Projekt handelt oder nicht.

Auch ein Patentanmelder wird kaum Interesse daran haben, eine Idee, die am Ende eh nicht funktioniert patentieren zu lassen, denn eine Patentanmeldung ist mit hohen Kosten verbunden und legt die Erfindung der ganzen Welt gegenüber offen.

Das bedeutet, daß sie von jedermann nachgebaut werden kann – außer zu gewerblichen Zwecken.

Auch Fleißners Flugscheibe wird über Jet-Triebwerke angetrieben. Diese sitzen jedoch nicht mehr zentral unter der Kanzel und pusten ihre heißen Abgase gegen die Hubscheibe. Bei Fleißner sitzen sie vielmehr direkt unter der Hubscheibe und sind fest mit dieser verbunden.

Fleißner schreibt in der Patentbeschreibung, daß seine Flugscheibe als sicheres, sehr schnelles und ökonimisches Fluggerät konstruiert sei.

Nicht nur in Bezug auf den direkten Antrieb, sondern auch in Form und Funktion unterschiedet sich Fleißners Flugscheibe enorm von den älteren Modellen, wie etwa den BMW-Flügelrädern.

Fleißners Patent aus dem Jahre 1960 liest sich sehr interessant.

Wenn Sie dieses Patent in seinem vollem Umfang einsehen wollen (bei den im Anschluß abgedruckten Patentsei-

Der Haunebu-Antrieb
So funktionier(t)en die legendären UFOs

ten handelt es sich nur um Teile des Patents), so folgen Sie bitte der Anleitung im Kapitel „Patentrecherche". Die Patentnummer zu Fleißners Patent lautet **US 2,939,648**.

Die Patentanmeldung erfolgt unter folgender Bezeichnung:
„Rotating Jet Aircraft With Lifting Disc Wing and Centrifuging Tanks"

Der Haunebu-Antrieb
So funktionier(t)en die legendären UFOs

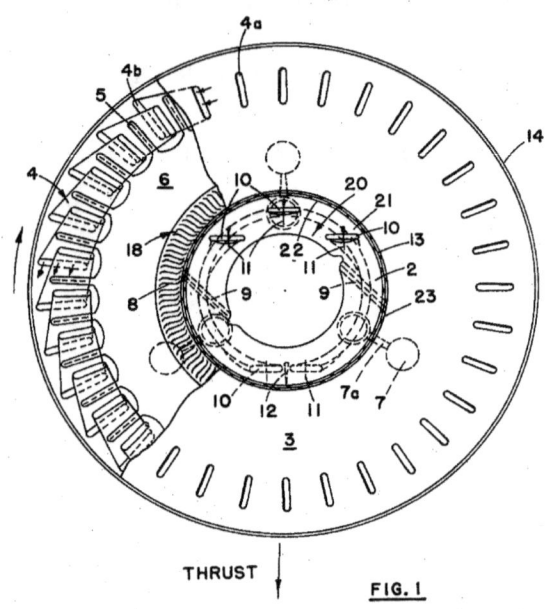

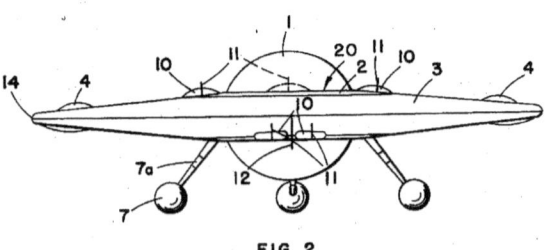

Abb. 14

Der Haunebu-Antrieb
So funktionier(t)en die legendären UFOs

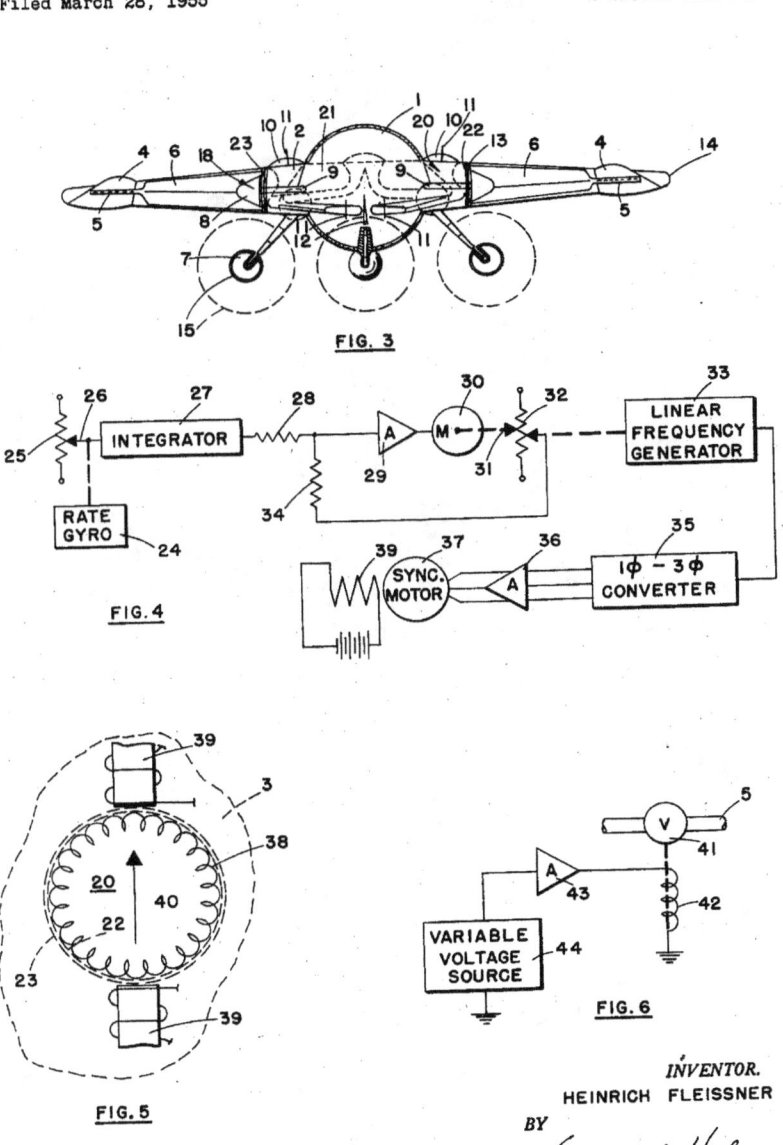

Abb. 15

Der Haunebu-Antrieb
So funktionier(t)en die legendären UFOs

Ein seltsamer Hybride

Bei der letzten Flugscheibe, die ich Ihnen etwas näherbringen will, handelt es sich, streng genommen, gar nicht um eine klassische Flugscheibe.
Sie stellt keinen, wie auch immer gearteten, Helikopter dar und besitzt keine umlaufenden, sich drehende Teile, die ein Abheben erklären könnten.

Sie wurde bekannt als soganannte „MIETHE, SCHRIEVER, HABERMOHL UND BELLUZZO-FLUGSCHEIBE" und regt seither die Phantasie zahlreicher Autoren und UFO-Forscher an.

Wie flog sie?

Sehr wahrscheinlich war sie das erste deutsche UFO mit echtem Haunebu-Antrieb. Was wir uns unter einem Haunebu-Antrieb vorzustellen haben, erkläre ich in einem späteren Kapitel.

Nun wird auch klar, wie die Entwicklung der deutschen Flugscheibentechnologie höchstwahrscheinlich vonstatten gegangen ist.
Ausgehend von der Überlegung, einen Helikopter mit einfachstem Antriebssystem und überlegener Flugleistung und möglicherweise sogar Weltraumtauglichkeit zu konstruieren, durchlief die Entwicklung mehrere Phasen. Die erste war ein simpler Helikopter oder Gyrokopter wie wir ihn im Modell des BMW-Flügelrades sehen. Doch diese Überlegung schien nicht den gewünschten Zweck zu er-

Der Haunebu-Antrieb
So funktionier(t)en die legendären UFOs

füllen. Entweder entsprachen die Flugleistungen nicht den Erwartungen oder sie waren zu gefärhlich für die Besatzung.

Jedenfalls kam man alsbald von der Form simpler Hubschrauber-UFOs ab, wie das Beispiel Heinrich Fleißners zeigt.

Fleißners Flugscheibe oder Düsenscheibe stellt die zweite Generation der Flugscheiben dar. Möglicherweise gab es hier auch eine parallele Entwicklung Andreas Epps, möglicherweise war der Eppsche Omega Diskus aber auch eine Parallelentwicklung zur letzten Gene-ration der Flugscheiben.

Fleißners Flugscheibe mündete dann in einer gänzlich anderen Überlegung, die mehr Parallelen zur ballistischen Rakete A4 (bekannter unter dem Namen V2) aufweist, als zu den Hubscheiben-Fliegern.

Dieser Flugkörper flog mit einem Antriebssystem, daß man „Magnetohydrodynamisches Stoßrohr" nennt

2) Durch Plasma, ein ionisiertes Gas mit mehr als fünfzig % geladenen Teilchen, mittels eines elektromagnetischen Feldes (elektromagnetisches Plasma, oder magnet.hydrdynamischer Antrieb).

Abb. 16

Ich komme später noch sehr ausführlich auf dieses geniale Antriebssystem zu sprechen. Für den Moment sollte Sie der Begriff nicht verwirren. Falls Sie noch nicht wissen, worum es sich dabei handelt, nehmen Sie ihn zunächst einfach so hin.

Der Haunebu-Antrieb
So funktionier(t)en die legendären UFOs

Die obige Abschrift aus Abb. 16 entstammt einem Patent. Es wurde am 13. Januar 1977 beim deutschen Patentamt auf den Namen Bruno Schwenteit registriert und beinhaltet faktisch alle Elemente des Miethe-Schriever-Habermohl-Beluzzo-UFOs soweit sie bekannt sind.

Aufbau und Funktionsweise sind extrem interessant. Leider sind die einzig noch erhältlichen Abschriften der beiden Schwenteit-Patente **DE2147668** und **DE2529684** von so miserabler Qualität, daß es kaum möglich ist, die einzelnen Werte und Angaben in den Zeichnungen und Legenden zu entziffern, so daß exaktere Aussagen über einzelne Details unmöglich erscheinen.

Etwas befremdlich finde ich in diesem Zusammenhang schon, daß unzählige sehr viel ältere Patente vom Patentamt offensichtlich sehr viel pfleglicher behandelt und sauberer digitalisiert wurden, und sich daher in weitaus besserem Zustand befinden.

Im Großen und Ganzen wird jedoch die Funktionsweise des Raumschiffs aus den Texten und der groben Interpretation der Zeichnungen ersichtlich. Wie das Raumschliff flog, wird aus der später erfolgenden Beschreibung der Triebwerke von Haunebu I, II und III noch genauer ersichtlich.

Der Haunebu-Antrieb
So funktionier(t)en die legendären UFOs

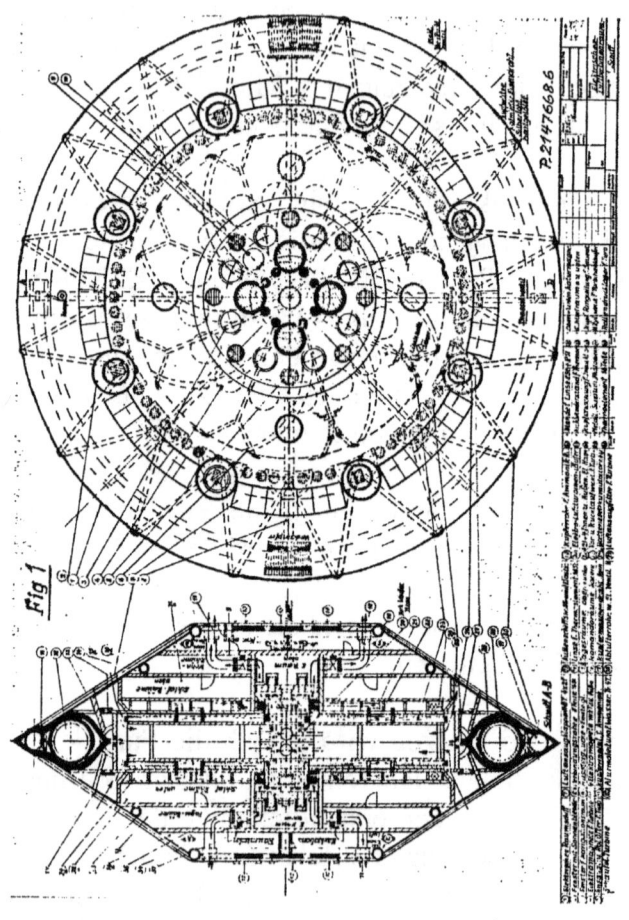

Abb. 17

Der Haunebu-Antrieb
So funktionier(t)en die legendären UFOs

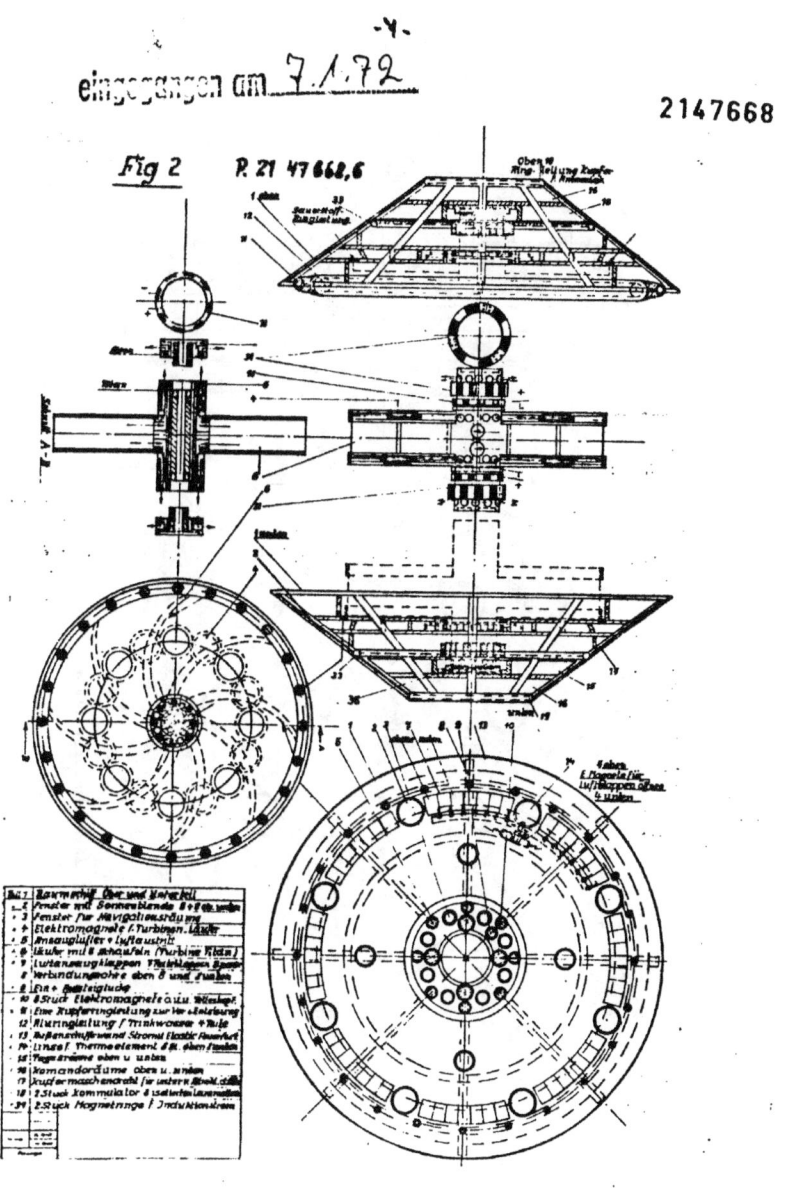

Abb. 18

Der Haunebu-Antrieb
So funktionier(t)en die legendären UFOs

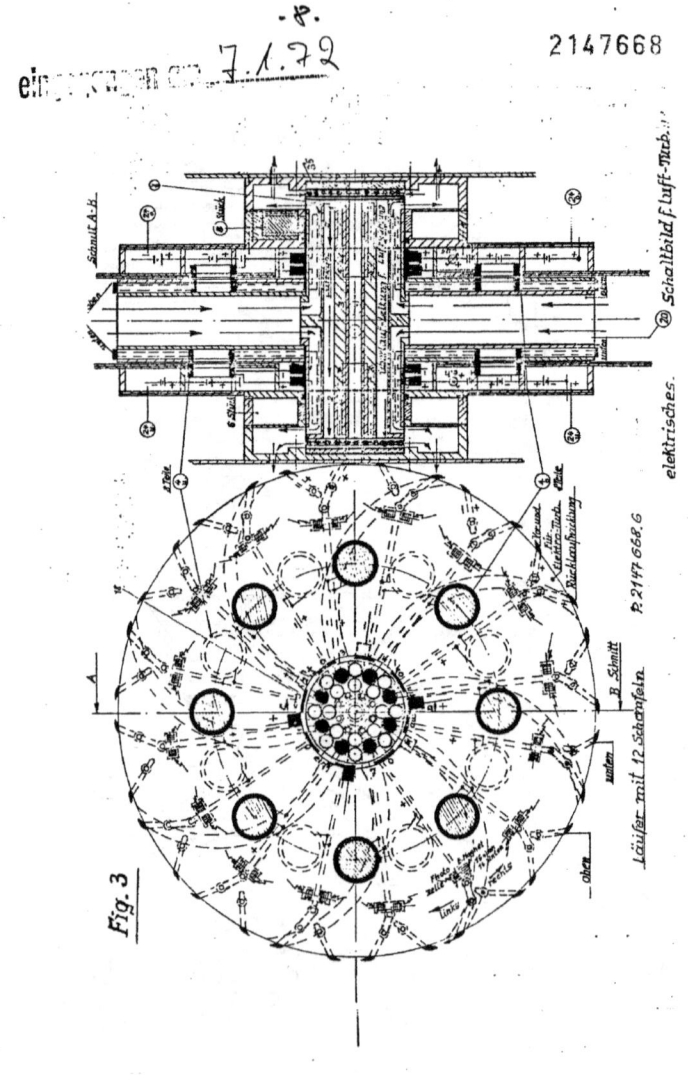

Abb. 19

Der Haunebu-Antrieb
So funktionier(t)en die legendären UFOs

Not macht erfinderisch

Eines der größten Probleme Deutschlands während des zweiten Weltkriegs war die Beschaffung ausreichender Mengen Treibstoffs.
In unserem Land gibt es keine abbaubaren Ölvorkommen. Somit muß jeder Tropfen Öl, der beispielsweise zu Benzin, Kerosin oder Diesel verarbeitet werden soll, importiert werden.

Es ist gar keine Frage, daß ein Kriegsgegner eine solche Defensivposition einfach ausnutzen muß, wenn sie sich ihm bietet. Es gibt kaum eine bessere Möglichkeit, den Gegner zu schwächen. All das schwere Kriegsgerät braucht letzendlich Erdöl, um funktionstüchtig zu sein. All die ausgeklügelten Panzer, Flugzeuge, LKWs u.s.w. bleiben einfach nutzlos stehen, wenn sie nicht regelmäßig mit großen Treibstoffmengen gefüttert werden.

Doch was macht ein Staat ohne eigene Vorkommen an diesem wertvollen Material, dem langsam der Sprit ausgeht?

Richtig! Er ersinnt Triebwerke, die ohne Erdöl funktionieren.
Und wenn er schon einmal dabei ist, nach solchen Möglichkeiten zu forschen, und das Geld für Kriegsforschung in großen Mengen vorhanden ist, dann kann er auch gleich völlig neuartige Antriebssysteme entwickeln, vornehmlich solche, auf die der Kriegsgegner nicht vorbereitet ist. Wie beispielsweise einem Strahltriebwerk.

Der Haunebu-Antrieb
So funktionier(t)en die legendären UFOs

Das Strahltriebwerk

Anders als die bis dato bekannten Kolbenmotoren kommt ein Strahltriebwerk der ersten Stunde mit weitaus weniger Bauteilen aus und kann mit beinahe allem betrieben werden, das brennt.

Früher einmal galt das Strahltiebwerk als unglaublich kompliziert. Heute hingegen gibt es viele Hobbybastler, die solche Triebwerke bauen, um damit z.B. Boote, Carts oder Modelle anzutreiben.

Abb. 20 zeigt einen von unzähligen Bauplänen für Strahltriebwerke (englisch: Jet Engines), die Sie – teilweise sogar kostenlos – herunterladen können.

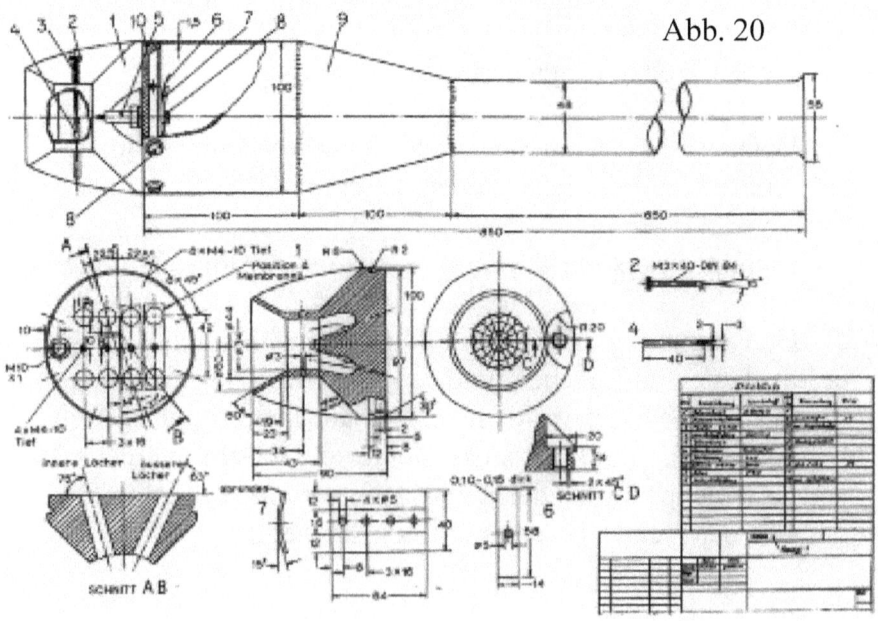

Abb. 20

Der Haunebu-Antrieb
So funktionier(t)en die legendären UFOs

Viele Baupläne für Strahltriebwerke finden Sie unter: *http://www.pulse-jets.com*

Die Triebwerke mit denen heute nehezu alle Passagierflugzeuge bestückt werden (auch Propellermaschinen), sind direkte Nachfolger dieser Strahltriebwerke, entwickelt in Deutschland während des zweiten Weltkriegs und maßgeblich nach Kriegsende durch Rolls Royce vermarktet und weiterentwickelt.

Im Gegensatz zu modernen Turbojet-Triebwerken, die durch eine Turbinenschaufel mit großen Mengen Luft versorgt werden, erhielten die ersten Vertreter dieser Triebwerksart die für die Leistung maßgebliche Umgebungsluft in erster Linie durch die eigene Bewegung bzw. Geschwindigkeit. Das bedeutet, daß sie mit zunehmender Geschwindigkeit an Leistung zulegten, im Stand aber vergleichsweise wenig Leistung entfalteten.

Das mag einer der Gründe dafür gewesen sein, daß es als Flugzeugtriebwerk zunächst keine Verwendung fand und nur in die Dornier DO217 eingebaut wurde.

Allerdings wurde hier ein wesentlich einfacherer Vertreter des Strahltriebwerks, das sogenannte STAUSTRAHLTRIEBWERK, verwendet.

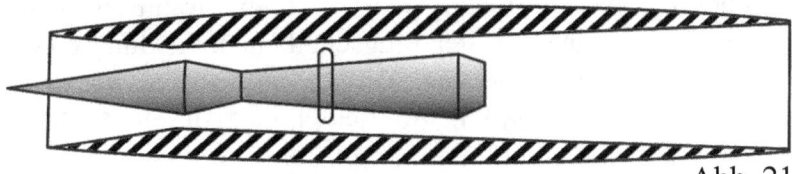

Abb. 21

Der Haunebu-Antrieb
So funktionier(t)en die legendären UFOs

Die größten Vorteile dieser Triebwerke liegen im einfachen Bau und darin, daß sie sowohl mit Alkohol, als auch mit Benzin, Diesel, Kerosin, Petroleum oder nahezu jedem anderen Flüssigbrennstoff betrieben werden können – je nachdem, was gerade vorhanden ist.

Dennoch ergab sich, unabhängig von der mangelnden Leistung im Stand und bei niedriger Geschwindigkeit, noch ein weiteres Problem: Die Überhitzung und der damit verbundene, rasend schnell fortschreitende Verschleiß. Die erste Generation deutscher Strahltriebwerke wurde daher als „Stundentriebwerke" bekannt, weil man sie nach wenigen Flugstunden schon auswechselte.

Die einfache und preiswerte Bauform bot sich dazu allerdings auch an. Es war bedeutend einfacher und schneller, ein vollkommen neues Triebwerk zu bauen, als ein veraltetes zu reparieren oder gar den durch einen möglichen Triebwerksausfall entstehenden Totalschaden auszugleichen.

Strahltriebwerke arbeiten gänzlich anders als Kolbenmotoren. Sie erzeugen ausschließlich Schub und zwar durch negativ gerichtete Stützmasse, also Rückstoß. Darin unterscheiden sie sich nicht von Raketentriebwerken.

Außer bei der Dornier DO217 wurden Strahltriebwerke vermutlich auch in der Flugscheibenentwicklung eingesetzt. Das Triebwerk der BMW Flügelräder sowie der daraus resultierenden Weiterentwicklungen durch Miethe, Schriever, Habermohl und Fleißner, bishin zum ersten

Der Haunebu-Antrieb
So funktionier(t)en die legendären UFOs

echten UFO, wurden höchstwahrscheinlich mit Strahltriebwerken angetrieben. Ob es sich dabei immer um die sehr einfachen Staustrahltriebwerke oder um die weiter entwickelten Pulsstrahltriebwerke handelte, sei dahingestellt.

Von vorn herein war jedoch klar, daß Strahltriebwerke niemals alle Erfordernisse würden erfüllen können, die an das neue Triebwerk gestellt wurden.

Denn da ein Strahltriebwerk Luft aus der Umgebung benötigt, verliert es insbesondere in größeren Höhen an Leistung. Außerhalb unserer Atmosphäre funktioniert es gar nicht. Es kann also nicht als Triebwerk für ein Raumschiff eingesetzt werden.

Das Raketentriebwerk

Das Raketentriebwerk funktioniert nach den gleichen physikalischen Gesetzen wie das Strahltriebwerk. Durch Rückstoß, also negativ gerichtete Stützmasse, wird Schub erzeugt, der das an der Rakete befestigte Flug- oder Fahrzeug beschleunigt.

Der größte Unterschied zwischen Strahltriebwerk und Raketentriebwerk besteht in der Versorgung mit Sauerstoff. Beide Triebwerke benötigen große Mengen an Sauerstoff, um effizient zu funktionieren. Das Strahltriebwerk bezieht diesen aus der Umgebungsluft; das Raketentriebwerk besitzt den benötigten Sauerstoff als Teil des Treibstoffs.

Der Haunebu-Antrieb
So funktionier(t)en die legendären UFOs

Eine Rakete benötigt also keine Luft, um zu funktionieren und ist deshalb ein gutes Triebwerk für Raumschiffe.
Außerdem liefert ein Raketentriebwerk vom Start an die maximale Leistung und somit den maximalen Schub. Gleichzeitig ist ein Raketentriebwerk sehr einfach zu bauen und kann mit den unterschiedlichsten flüssigen und sogar festen Treibstoffen betrieben werden.

Seine enormen Nachteile liegen im Verbrauch. Ein Raketentriebwerk verbraucht so viel Treibstoff, daß es für Flugzeuge vollkommen unrentabel ist. Kaum gestartet, müßte das Flugzeug auch schon wegen Treibstoffmangels wieder landen.
Raketentriebwerke sind ideal, wenn es darum geht, einen enormen Schub über einen vergleichsweise kurzen Zeitraum zu erzeugen.

Obwohl eigentlich seit der Antike schon bekannt, wurde das Raketentriebwerk erst in Deutschland des zweiten Weltkriegs so weit entwickelt, daß damit ballistische Raketen über größere Strecken transportiert werden konnten.

Seine Entwicklung war eng verknüpft mit der Entwicklung der A4 Rakete an deren Bau maßgeblich Wernher von Braun mitwirkte.
Die Hauptschwierigkeit dieser Raketentechnologie bestand allerdings nicht darin, das Raketentriebwerk zu bauen (dies ist eine vergleichsweise einfache Aufgabe), sondern in der Steuerung der Rakete.
Daher kam es zu zahlreichen Unfällen.

Der Haunebu-Antrieb
So funktionier(t)en die legendären UFOs

Das Triebwerk der A4 (besser bekannt als V2) wurde mit Alkohol und Sauerstoff betrieben. Beide Stoffe konnten in Deutschland produziert werden und waren somit unabhängig vom Import.

Die A4 hatte eine Reichweite von ca. 300 km und legte diese in ca. 5 Minuten zurück. Nach dieser kurzen Brenndauer waren die Tanks leer.

Außer bei der Entwicklung ballistischer Raketen kam das Raketentriebwerk auch bei späteren Flugscheiben zum Einsatz, wie beispielsweise der Düsenscheibe Heinrich Fleißners.
Außerdem wurden vermutlich noch andere Einsatzmöglichkeiten getestet, wie etwa dem Raketenrucksack.

Die Lenkbarkeit spielt bei letzten Anwendungsbereichen keine große Rolle. Der hohe Treibstoffverbrauch und die damit verbundenen zwangsläufigen Probleme eines großen Treibstofftanks sowie einer extrem kurzen Einsatzzeit machten den Raketenantrieb jedoch unrentabel.

Nach dem Zweiten Weltkrieg wurde die Technologie samt der deutschen Ingenieure in die USA und die Sowjetunion verbracht, wo sie zum einen für die Raumfahrt, zum anderen für ballistische Atomraketen verwendet wurde.

Sehr viel weiter entwickelt wurde der Raketenantrieb seither nicht. Noch immer weist er die gleichen Schwachpunkte auf wie zu Beginn seiner Entwicklung. Er gilt außerdem als einer der unsichersten Antriebssysteme überhaupt.

Der Haunebu-Antrieb
So funktionier(t)en die legendären UFOs

Dennoch werden mit ihm seit Jahrzehnten Menschen in den Erdorbit transportiert.

Das Wasserstoffperoxid Triebwerk

Das Triebwerk, daß ich Ihnen nun vorstellen möchte, werden Sie sicherlich schon einmal im Einsatz gesehen haben. Wahrscheinlich wissen Sie aber nicht, daß auch dies eine deutsche Entwicklung des Zweiten Weltkriegs ist.

Im Film James Bond „Feuerball" zeichnet sich „Q" für seine Entwicklung aus; in Wirklichkeit waren es jedoch deutsche Ingenieure.

Die Rede ist vom Wasserstoffperoxid-Triebwerk, wie es beispielsweise gerne für sogenannte JET-PACKS, also Raketenrucksäcke verwendet wird.

Beim Wasserstoffperoxid-Triebwerk handelt es sich – streng genommen – um ein Raketentriebwerk. Allerdings hat das Wasserstoffperoxid-Triebwerk den großen Vorteil, steuer- und abschaltbar zu sein.

Eine weitere Besonderheit ist, daß keine riesigen Flammen aus seinen Abgasrohren schlagen, sondern superheißer Wasserdampf. Dieser sorgt auch für den nötigen Schub.
Im Vergleich zum herkömmlichen Raketentriebwerk gilt es als wesentlich sicherer, aber auch wesentlich ineffizienter.

Zum Betrieb wird hochkonzentriertes Wasserstoffperoxid

Der Haunebu-Antrieb
So funktionier(t)en die legendären UFOs

benötigt, welches in einer Flasche aufbewahrt wird. In einer zweiten Flasche befindet sich ein Treibgas, wie beispielsweise Stickstoff.

Zum Betrieb wird das Wasserstoffperoxid in großen Mengen durch einen Katalysator aus Silber geleitet.

Der Katalysator bewirkt ein Zersetzen des Wasserstoffperoxids zu Sauerstoff und Wasser unter so großer Wärmeentwicklung, daß letzteres unmittelbar zu superheißem (ca. 700 – 800 Grad heißem) Wasserdampf verdampft wird. Dieser Dampf entweicht durch die Düsen und erzeugt den nötigen Schub.

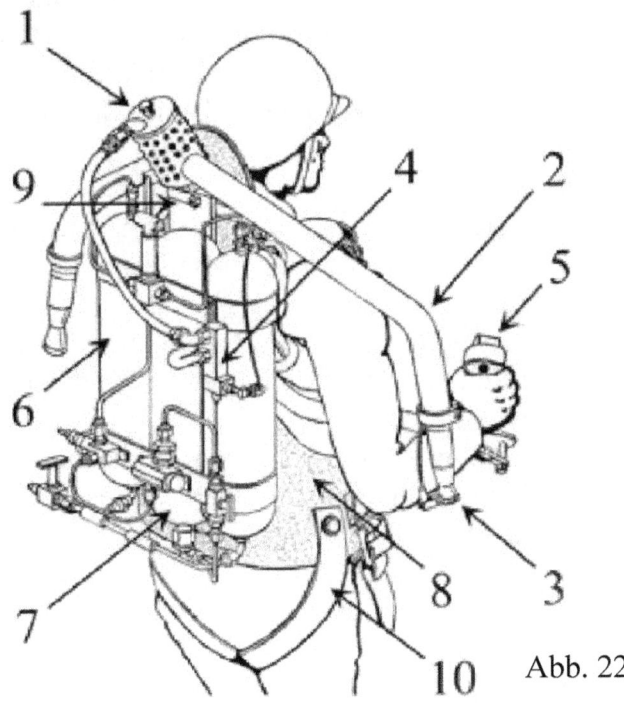

Abb. 22

Der Haunebu-Antrieb
So funktionier(t)en die legendären UFOs

Wir nähern uns nun mit riesigen Schritten dem eigentlichen Haunebu-Antrieb.

Wir haben gesehen, daß die Entwicklung neuer Antriebssysteme in Deutschland auf Rückstoßaggregate ausgerichtet war, die unkonventionelle Treibstoffe benötigten, welche nicht importiert werden mußten.

Der letzte Vertreter dieser Gattung war das legendäre Haunebu Triebwerk. Es wurde entwickelt, nachdem ein schwedischer Wissenschaftler, Hannes Alfven, die deutschen Ingenieure auf die richtige Fährte geführt hatte.

Das Haunebu Triebwerk war leistungsstärker als das Strahtriebwerk, es benötigte keine Umgebungsluft und konnte somit im Weltraum operieren. Es war im Verbrauch sparsamer als ein Kolbenmotor und als Treibstoff diente einfaches Wasser!

Wenn er aktiviert war, dann leuchtete es hell in allen erdenklichen Farben. Dabei war es flüsterleise.

Es ließ sich an- und abschalten, herauf- und herunterregeln. Es war sicher und vergleichsweise einfach zu bauen.

Es war das Triebwerk nachdem man Jahrzehnte gesucht hatte. Es sollte alle anderen Triebwerke ablösen. Es löste auf einen Schlag die alten Flugscheiben ab....

Der Haunebu-Antrieb
So funktionier(t)en die legendären UFOs

Das Plasmatriebwerk

Beim Plasmatriebwerk handelt es sich keineswegs um Science Fiction oder außerirdische Technologie. Eigentlich ist es sogar sehr verwunderlich, daß dieses Triebwerk nicht in aller Munde ist sondern eher ein Dasein im Schatten umweltverschmutzender Strahl- und Raketentriebwerke führt.

Doch was ist ein Plasmatriebwerk eigentlich? Vielleicht sollten wir uns zuerst die Frage stellen, was Plasma überhaupt ist.

Nicht wenige Menschen glauben, daß Plasma etwas ebenso schwer Faßbares sei, wie etwa die ominösen und immer wieder gern zitierten „Tachyonen".
Tatsächlich jedoch handelt es sich beim Plasma um einen physikalisch zweifelsfrei anerkannten Aggregatzustand, den man auch gerne als „4. Aggregatzustand" bezeichnet.

Wann Plasma genau erstmalig entdeckt wurde, ist strittig. Namensgeber war jedoch unstritig der Physiker Irving Langmuir, der diese Bezeichnung 1928 prägte.

Dabei ist Plasma nichts Ungewöhnliches. Nach derzeitiger Ansicht der Physik befinden sich rund 99% der sichtbaren Materie des Universums im Plasmazustand (etwa die Sonne).

Auch Polarlichter sind nichts weiter, als Plasma, ebenso Blitze, die bei Gewittern zu Boden fahren.

Der Haunebu-Antrieb
So funktionier(t)en die legendären UFOs

Eine besondere Eigenschaft des Plasmas ist seine elektrische Leitfähigkeit.
Die sogenannte Magnetohydrodynamik, eine physikalischen Theorie zur Beschreibung und Anwendung des Plasmas, macht sich diesen Umstand zunutze.

Die elektrische Leitfähigkeit des Plasmas ermöglicht es, das Plasma in Magnetfeldern einzuschließen, zu beschleunigen oder zu verformen. Ohne diese Eigenschaft wäre das Plasma als Masse eines Rückstoßtriebwerks ungeeignet, da Plasma selbst recht wenig Stützmasse besitzt, also eher ineffizient wäre.

Vielleicht glauben Sie, die Erzeugung eines Plasmas wäre kompliziert oder schwierig. Das ist ein Irrtum. Der Forscher und Experimentator Jean Louis Naudin hat auf seiner Internetseite http://www.jlnlabs.org zahlreiche Versuchsaufbauten zur Erzeugung von Plasmaoiden vorgestellt.

Hier eine kurze Abfolge, wie Sie ganz einfach ein stabiles Plasma mit Dingen erzeugen können, die sich wahrscheinlich in jedem Haushalt finden:

Sie benötigen:

1. Einen Mikrowellenofen (er sollte dabei keinen Schaden nehmen, doch wäre es angebracht, dennoch keine teure Nauanschaffung zu verwenden)

2. Drei kleine Kunststoffuntersetzer (hitzebeständig).

Der Haunebu-Antrieb
So funktionier(t)en die legendären UFOs

3. Einen Korken. Verwenden Sie einen zylindrischen Korken, keinen Sektkorken o.ä.

4. Einen hölzernen Zahnstocher

5. Eine hitzebeständige, mikrowellengeeignete Glasabdeckung in Form einer Glaskugel o.ä.

Schritt 1

Schneiden Sie ein ca. 15mm breites Stück des Korkens ab und stecken Sie den Zahnstocher hinein.

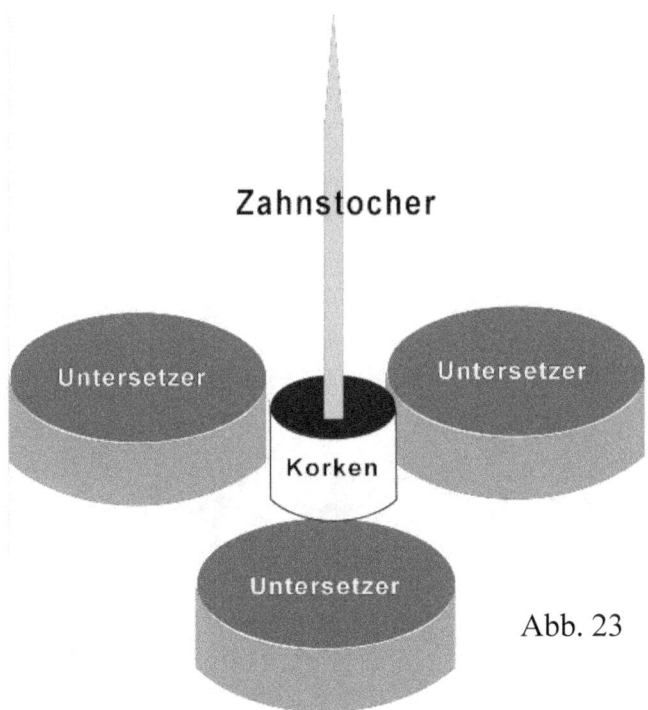

Abb. 23

Der Haunebu-Antrieb
So funktionier(t)en die legendären UFOs

Ordnen Sie den Versuchsaufbau so an wie in Abb. 23 gezeigt.

Die drei Untersetzer bilden dabei die Basis für die Glasabdeckung. Ihr Abstand und ihre Ausrichtung richtet sich also nach Größe und Form dieser Abdeckung.

Schritt 2

Platzieren Sie den Versuchsaufbau in ihrer Mikrowelle. Entzünden Sie die Spitze des Zahnstochers und stülpen Sie die Glasabdeckung darüber.
Ggf. müssen Sie ein Glas Wasser neben die Vorrichtung in die Mikrowelle stellen.

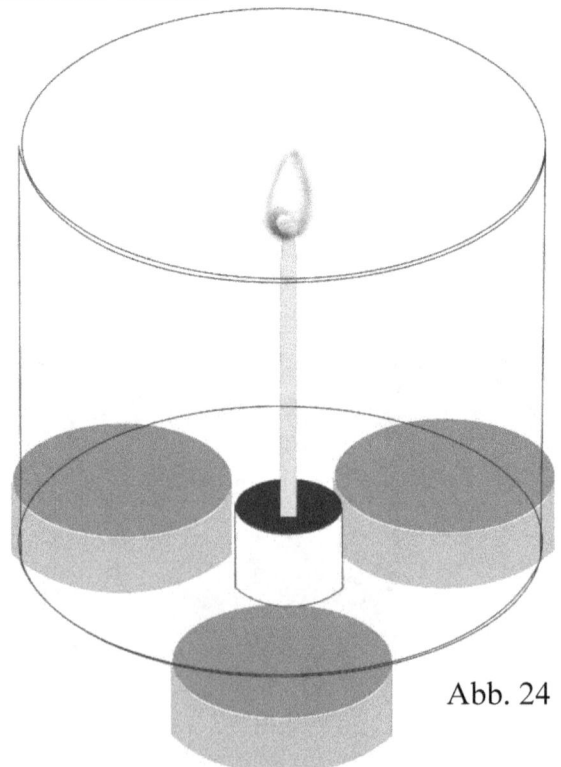

Abb. 24

Der Haunebu-Antrieb
So funktionier(t)en die legendären UFOs

Nachdem Sie den Zahnstocher entzündet und die Abdekkung darüber angebracht haben, schließen Sie die Mikrowelle. Dann schalten Sie die Mikrowelle auf höchster Stufe ein.

Wenn Sie den Zahnstocher vor Beginn des Experiments nicht extra entzünden wollen, benötigen Sie zusätzlich zu den o.g. Materialien noch zwei Bleistiftminen von jeweils 0,5mm Durchmesser, wie sie zum Befüllen von Druckbleistifeten verwendet werden.

Lehnen Sie diese, ca. 20 mm langen Minen so an den Zahnstocher wie in Abb. 25 gezeigt.

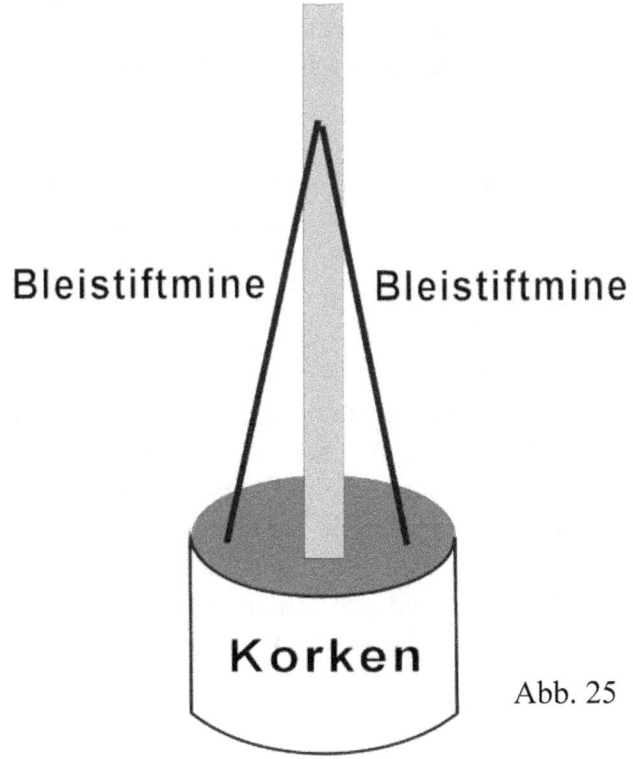

Abb. 25

Der Haunebu-Antrieb
So funktionier(t)en die legendären UFOs

Wenn Sie die Vorrichtung nun in die Mikrowelle stellen und die Mikrowelle auf höchster Leistungsstufe laufen lassen, wird sich der Zahnstocher selbst entzünden und das Plasma auslösen.

Ich möchte nicht vergessen zu erwähnen, daß Sie die oben gezeigten Versuche auf eigene Gefahr unternehmen. Plasma ist sehr heiß. Es ist die wahrscheinlich heißeste Substanz, die wir kennen. Es ist nicht ausgeschlossen, daß Sie oder Ihre Geräte bei derartigen Versuchen zu Schaden kommen. Daher unternehmen Sie die gezeigten Versuche bitte nur, wenn Sie genau wissen, was Sie tun.

Angesichts des durch den gezeigten Versuch erzeugten Plasmas fragen Sie sich vielleicht, was hier genau ablief bzw. warum Sie den Versuch in der Mikrowelle durchführen mußten.

Also noch einmal die Frage: Was ist Plasma, wie entsteht es, wodurch entsteht es und woraus entsteht es?

Bei schlagartiger Aufheizung eines Treibstoffes (Wasserstoff, Wasser, Ammoniak, Quecksilber etc.) auf mehrere tausend Grad prallen die Moleküle so heftig aufeinander, daß sie zerstört werden und bei 50.000 Grad Celsius besteht ein Wasserstoffgas praktisch nur noch aus Atomen. Bei weiterer Temperaturerhöhung prallen die Atome ebenfalls heftig zusammen und „verletzen" sich gegenseitig. Aus jedem Atom wird ein Elektron herausgerissen; es wird ionisiert. Dadurch erhält das Gas völlig neue Eigenschaften, es wird elektrisch leitfähig und strahlt große

Der Haunebu-Antrieb
So funktionier(t)en die legendären UFOs

Lichtmengen aus.
Diesen Zustand bezeichnet man als Plasma.

Es ist realtiv belanglos, aus welchem Stoff Plasma erzeugt wird, jedoch hat sich Hydrogen (Wasserstoff) als besonders brauchbar herausgestellt.

Neben der Besonderheit der elektrischen Leitfähigkeit, gibt es eine weitere Besonderheit des Plasmas:
Es ist nicht selbsterhaltend, d.h. es besteht nur solange eine ununterbrochene Energiezufuhr gewährleistet ist.

Darum die Mikrowelle. Sie liefert die Energie zur Erzeugung des Plasmas.

Was auf den ersten Blick unrentabel und teuer als Antriebskonzept erscheint und so rein gar nichts mit den romantischen Vorstellungen von „Freier Energie" zu tun hat, ist in der Praxis eine wahre Lebensversicherung.

Erinnern wir uns doch an den größten Nachteil des Raketentriebwerks (von seiner Umweltverschmutzung und den hohen Kosten einmal abgesehen).
Die weitaus größten Probleme beim Umgang mit Raketentriebwerken entstehen, weil man ein Raketentriebwerk, ist es erst einmal gestartet, nicht mehr stoppen kann. Es brennt und brennt und brennt bis der Treibstoff aufgebraucht ist. Es brennt auch dann weiter, wenn ein Fehler auftaucht und der Pilot die Triebwerke deshalb gerne stoppen würde.

Der Haunebu-Antrieb
So funktionier(t)en die legendären UFOs

Nicht so beim Plasmatriebwerk. Sobald hier die Energiezufuhr unterbrochen wird, erlischt das Plasma und das Triebwerk kommt zur Ruhe.

Doch das Plasmatriebwerk ist nicht nur einfach ein- und abschaltbar, sondern es ist vollständig regelbar was seine Leistungskapazität anbelangt.

Dabei ist es sparsam im Verbrauch, so daß man mit der Tankfüllung eines Haunebus wie weiter hinten in diesem Buch beschrieben, wohl stunden- wenn nicht sogar tagelang unterwegs sein könnte.

Als Sekundärtreibstoff diente einfaches Wasser, das onboard in Wasserstoff und Sauerstoff aufgespalten wurde. Der gewonnene Wasserstoff diente dann als Primärtreibstoff während der Sauerstoff z.B. zur Aufbereitung der Atemluft (beispielsweise beim Raumflug) genutzt werden konnte.

Die Aufspaltung des Wassers funktioniert auf vielerlei unterschiedlichen Arten, wobei die meisten davon jedoch zu viel Energie benötigen und deshalb zu ineffizient arbeiten. Der normale Weg über die Elektrolyse beispielsweise wäre kaum gangbar. Was man an Treibstoff einsparte, würde an der „Steckdose" (zwecks Aufladens der Batterien) wieder wett gemacht. Auch der Bewegungsradius wäre stark eingeschränkt, da die Batterien recht schnell aufgebraucht wären und aufgeladen werden müßten.

Glücklicherweise ist dies jedoch nicht der einzige Weg zur Hydrogenherstellung aus Wasser. Ein anderer Weg wurde

Der Haunebu-Antrieb
So funktionier(t)en die legendären UFOs

schon zur Zeit des Zweiten Weltkrieges entwickelt.

Das Verfahren ist recht simpel und benötigt kaum bzw. gar keine speziellen Geräte oder Spezialanfertigungen.

Das nachfolgende Schema zeigt den groben Aufbau. Sollte Interesse an einem vollständigen Plan dieses Reaktors sowie am Aufbau und der Funktion des zum Einsatz kommenden Schaltkreises bestehen, kontaktieren Sie bitte den Autor oder den Herausgeber.

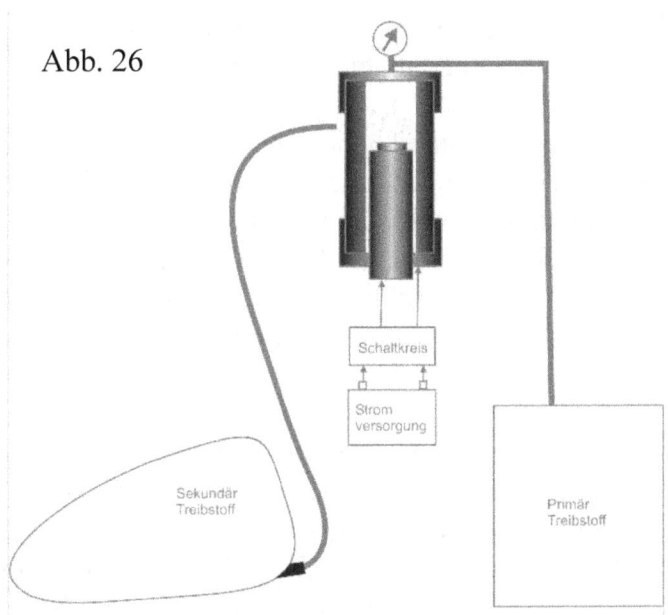

Abb. 26

Der Reaktor aus Abb. 26 pumpt das Wasser aus einem ringförmig im Haunebu angelegten Wassertank in die Reaktionskammer. Durch hochfrequente Schwingung wird

Der Haunebu-Antrieb
So funktionier(t)en die legendären UFOs

dort das Wasser in Wasserstoff und Sauerstoff aufgespalten, welche anschließend in den Primärtank geleitet werden. Das eigentliche Plasmatriebwerk wird dann aus diesem Primärtank gespeist.

Diese Aufspaltung des Wassers durch hochfrequente Schwingung, gesteuert durch einen speziellen Schaltkreis, ist wesentlich schneller und energieeffizienter, als beispielsweise die Verwendung klassischer Elektrolyse. Allerdings – das muß an dieser Stelle auch gesagt werden – ist der Haunebu-Antrieb keine Freie-Energie-Maschine. Die Batterien brauchen sich mit der Zeit auf und müssen daher von Zeit zu Zeit aufgeladen werden.

Noch energieeffizienter könnte ein Haunebu durch den Einsatz moderner Sonnenkollektoren werden; Solarzellen auf der Erde und Sonnensegel im All.
Diese Entwicklung hat es zur Zeit der Original-Haunebus jedoch höchstwahrscheinlich noch nicht gegeben weshalb sie mit an Sicherheit grenzender Wahrscheinlichkeit regelmäßig zum Auftanken landen mußten.

Die Frage, die wir uns nun stellen müssen ist:
Gab es die zur Herstellung eines Plasmatriebwerkes notwendigen Technologien bereits zur Zeit des Zweiten Weltkrieges? Wenn nicht, dann wäre es wohl töricht, anzunehmen, daß die Haunebus damit ausgerüstet waren.
Wenn es diese Technologien jedoch gab und – mehr noch – wenn sie zu jener Zeit eine aufwendige Forschung erfuhren, so kann man mit Fug und Recht wohl davon ausgehen, daß sie auch verwendet wurden.

Der Haunebu-Antrieb
So funktionier(t)en die legendären UFOs

Als erstes müssen wir klären, wie weit das Plasma als solches überhaupt bekannt und erforscht war.
Hier ist besonders ein Mann von ganz besonderem Interesse.

Der Haunebu-Antrieb
So funktionier(t)en die legendären UFOs

Hannes Alfven und das Plasma

Es ist gar nicht einmal sonderlich bekannt, daß die Erforschung des Plasmas in den 30er Jahren des 20. Jahrhunderts derartig im Mittelpunkt des Interesses stand, was wohl nicht zuletzt auch damit zusammenhängt, daß die Forschungsarbeit und die Erkenntnisse des Mannes, der maßgeblich an seiner Erforschung und Nutzbarmachung beteiligt, ja federführend war, lange Zeit von der Fachwelt ignoriert und sogar abgelehnt wurde.

Abb. 27

Plasma stellte den Lebensinhalt des im April 1995 verstorbenen, schwedischen Nobelpreisträgers und Physikers Hannes Olof Gösta Alfven dar.

Hannes Alfven erforschte 1939 die Entstehung von Polarlichtern und magnetischen Stürmen. Er war der erste, der das Potential des Plasmas erkannte und der die Magnetohydrodynamik, den Grundstein des Plasmatriebwerks, propagierte.

Obwohl er später, in den 70er Jahren, vielfach ausgezeichnet wurde und sogar den Nobelpreis für Physik erhielt,

Der Haunebu-Antrieb
So funktionier(t)en die legendären UFOs

war er aufgrund seiner Außenseiterstellung oftmals gezwungen, seine Publikationen in unbedeutenden Fachzeitschriften zu veröffentlichen. Insbesondere England machte es dem schwedischen Physiker schwer, die nötige Anerkennung in der wissenschaftlichen Fachwelt zu erlangen.

Hannes Alfven sagte u.a. die nach ihm benannten Alfven-Wellen voraus, deren Existenz für ein Plasmatriebwerk von entscheidender Bedeutung ist.

Wenn man will, so ist Hannes Alfven der geistige Urvater des Haunebu Antriebs. Er alleine entwickelte und berechnete die dazu benötigten Parameter, nachdem er die natürlichen Phänomene von Polarlichtern und Magnetstürmen eingehend studiert und ausgewertet hatte.

Das wird viele Haunebu-Anhänger schockieren, ja vielleicht sogar verärgern. Im Allgemeinen wird ja angenommen, daß das Wissen dieser Technologie von einem Medium namens Maria Orschitsch oder doch wenigstens von Victor Schauberger stammte. Für diese Aussagen oder Vermutungen gibt es jedoch nicht den geringsten Anhaltspunkt oder gar einen Beweis.

Beweise, daß Hannes Alfven in den 30er Jahren des 20. Jahrhunderts den Plasmaantrieb erdachte, gibt es jedoch hinlänglich und zahlreich.

Doch wie kam dieses Wissen nach Deutschland?

Schweden bezeichnet sich heute rückblickend als neu-

Der Haunebu-Antrieb
So funktionier(t)en die legendären UFOs

tral, wenn es um den Zweiten Weltkrieg geht. Jedoch ist es kein Geheimnis, daß Schweden mit Deutschland eng zusammenarbeitete. Mit der 1999 von dem schwedischen Journalisten und Autor Bosse Schön veröffentlichten Pubklikation „Hitlers schwedische Soldaten"*5 will der Autor nach eigenem Bekunden Schweden dazu bringen, „seine wirkliche Rolle im Zweiten Weltkrieg nicht länger zu verschweigen".

Kurzum: Schweden und Deutschland war offiziell nicht befreundet, doch Schweden unterstützte Deutschland und das sicherlich nicht nur mit Soldaten, sondern auch mit dringend benötigtem KnowHow.
Und genau in jene Zeit fiel Hannes Alfven's Erforschung der Magnetohydrodynamik.
Was lag da näher, als dieses neue Rückstoßtriebwerk zu erproben?
Drei ähnliche Triebwerke hatte man schon getestet, doch das Strahltriebwerk flog nicht im luftleeren Raum, das Raketentriebwerk war gefährlich und teuer und verbrauchte so viel Treibstoff, daß es nur wenige Minuten brannte.
Das Wasserstoff-Peroxid-Triebwerk war da nicht sehr viel besser.
Man hatte versucht, diese Triebwerke bestmöglichst zu verwerten, doch sie schienen nicht geeignet für ein raumflugtaugliches, schnelles und wendiges Schiff, das unabhängig vom Öl und allen anderen fossilen Treibstoffen sein sollte.
Nun wurde man einer Technologie gewahr, die die Lösung der Probleme bringen könnte. Sie funktionierte sowohl innerhalb der Erdatmosphäre als auch im luftleeren Raum,

Der Haunebu-Antrieb
So funktionier(t)en die legendären UFOs

konnte mit unzähligen Rohstoffen – inklusive reinem Wasser – als Treibstoff betrieben werden, war ein- und abschaltbar und präzise steuerbar.

Warum hätte man diese Technologie nicht auswerten, ja sogar verwerten sollen? Was hätte dem im Wege gestanden?

Ein Plasmatriebwerk ist eine, vom Prinzip her, sehr einfache Konstruktion mit sehr großen Konstruktionsspielräumen. Wie einfach sich ein Plasma mit Haushaltsgeräten erzeugen läßt, haben Sie ja schon kennengelernt.

Wenn Sie wollten und ein paar tausend Euro ausgeben würden, könnten Sie sogar ein halbwegs richtiges Plasmatriebwerk bauen. Zunächst wäre dieses Triebwerk jedoch mehr als ineffizient.

Plasma besitzt nur wenig Stützmasse und eignet sich somit weniger gut zur Erzeugung eines Rückstoßes, wie beispielsweise die Verbrennungsgase eines Raketentriebwerks oder der superheiße Wasserdampf eines Wasserstoff-Peroxidtriebwerks.

Unser Triebwerk würde schwächeln, wenn wir es so einzusetzen versuchen würden. Unser UFO würde damit kaum vom Boden abheben, geschweige denn den Weltraum erobern. Er würde darüber hinaus überhitzen und dahinschmelzen.

Zuerst müssen wir uns noch mit einem anderen Menschen der Geschichte befassen, der ebenfalls seinen Teil zum Gelingen des Haunebu-Antriebs beigetragen hat...und das schon zu einem früheren Zeitpunkt als Hannes Alfven.

Der Haunebu-Antrieb
So funktionier(t)en die legendären UFOs

Hendrik Antoon Lorentz

Schon wieder ein Name, den man klassicherweise nicht in Verbindung mit UFOs oder gar Haunebus bringt und dessen Forschungsarbeit letztendlich doch so viel dazu beigetragen hat.

Hendrik Antoon Lorentz erforschte die nach ihm benannte Lorentzkraft, also jene ominöse Kraft, die elektromagnetische Felder auf eine elektrische Ladung ausüben.

Ohne Lorentz' Forschung wäre es schwierig bis unmöglich, ein Plasma überhaupt einzuschließen, ganz zu schweigen von seiner Nutzung als Antriebssystem.

Wie schon erwähnt, verfügt Plasma über zu wenig Stützmasse, um als Medium für ein Rückstoßtriebwerk effizient zu sein.
Der Hauptgrund warum Plasma und die (mit noch weniger Stützmasse ausgestatteten) Ionentriebwerke nach offizieller Aussage nur im kleinen Maßstab und nur für bereits im All befindliche Flugkörper, wie etwa Satelitten oder Sonden, zum Einsatz kommen, ist ihre angeblich zu geringe Effizienz.

Was dem Plasma jedoch an Stützmasse fehlt, kann durch eine umso höhere Beschleunigung wett gemacht werden, denn der Schub, den ein Triebwerk ausübt, setzt sich gleichermaßen aus Stützmasse und deren Beschleunigung zusammen. Anders ausgedrückt: Je mehr Stützmasse, umso größer der Schub, und je größer die Ausströmgeschwin-

Der Haunebu-Antrieb
So funktionier(t)en die legendären UFOs

digkeit, umso größer der Schub.
Klassische Raketentriebwerke verfügen über viel Stützmasse, die jedoch mit recht moderater Ausströmgeschwindigkeit durch die Düsen austritt und dabei viel Schub erzeugt.

Plasmatriebwerke verfügen über weitaus weniger Stützmasse, die jedoch mit wesentlich größerer Geschwindigkeit ausströmt und somit ebenfalls ausreichenden Schub erzeugt.

Wie aber können wir die Ausströmgeschwindigkeit des Plasmas erhöhen?

Hier hilft uns die Lorentzkraft und die Tatsache, daß Plasma elektrisch leitfähig ist.
Die Leitfähigkeit des Plasmas bedeutet, daß wir es mit einem oder mehreren Magnetfeldern einschließen, formen, in Drehung versetzen und beschleunigen können.

Das Grundprinzip der Beschleunigung ist dem Prinzip einer Magnetschwebebahn nicht ganz unähnlich. Auch diese funktioniert nach dem Prinzip der Lorentzkraft.

Während einer Magnetschwebebahn bei der Beschleunigung jedoch enge Grenzen, z.B. durch Reibung, Luftwiderstand etc. gesetzt sind, kann Plasma fast unbegrenzt beschleunigt werden.
Das Ergebnis ist ein hocheffizienter Antrieb, dem klassichen Raketentriebwerk in Sachen Schubkraft zwar nicht ganz ebenbürtig, doch bei Weitem ausreichend für die ge-

Der Haunebu-Antrieb
So funktionier(t)en die legendären UFOs

stellte Aufgabe.

Man darf nicht vergessen, daß einem Raketentriebwerk nur wenig Zeit bleibt und die Erdanziehung zu überwinden. Es ist binnen kürzester Zeit ausgebrannt und liefert dann gar keinen Schub mehr.

Derartige Treibstoffprobleme gibt es beim Haunebuantrieb nicht. Zwar ist der Schub nicht derartig brachial wie bei einer Rakete mit chemischem Triebwerk, doch bleibt dem Haunebu auch wesentlich mehr Zeit um die Erdanziehung zu überwinden, mehr Zeit gar, als einem modernen Düsenflugzeug.

Ein Haunebu muß keinen Wettlauf gegen den Treibstoffverbrauch gewinnen. Es kann den Orbit auch mit der Geschwindigkeit eines Kampfjets erreichen.

Der Haunebu-Antrieb
So funktionier(t)en die legendären UFOs

Der Aufbau des Plasmatriebwerks

Es gibt mehrere Möglichkeiten, wie ein Plasmatriebwerk aufgebaut sein kann. Die wahrscheinlichste Variante für den echten Haunebuantrieb war das sogenannte „hydrodynamische Stoßrohr", ein elektromagnetisches Plasmatriebwerk. Eine andere Bezeichnung lautet magnetogasdynamisches Triebwerk oder kurz MHD.

Im Unterschied zu einfacheren Modellen wird das durch Lichtbogen oder Mikrowellen erzeugte Plasma nicht durch eine Düse geleitet, sondern durch ein elektromagnetisches Feld, welches durch Anoden erzeugt wird. Dort wird es in Drehung versetzt und beschleunigt.

Eine Entladung einer Kondensatorkette über zwei Metallschienen erzeugt ein Plasmaoid. Der Entladungsstrom erzeugt auch ein Magnetfeld, welches das Plasma beschleunigt.

Beim originalen Haunebuantrieb waren höchstwahrscheinlich weitere Stufen zusätzlich hintereinandergeschaltet, so daß eine hohe Beschleunigung und somit ein hoher Wirkungsgrad des Triebwerks erzeugt wurde.

Es existiert ein sehr interessantes Patent aus dem Jahre 1967 von einem J.F. King Jr. mit dem Titel „Magnetohydrodynamic Propulsion Apparatus", das den Aufbau und die Wirkungsweise eines solchen Triebwerks beschreibt.

Der Haunebu-Antrieb
So funktionier(t)en die legendären UFOs

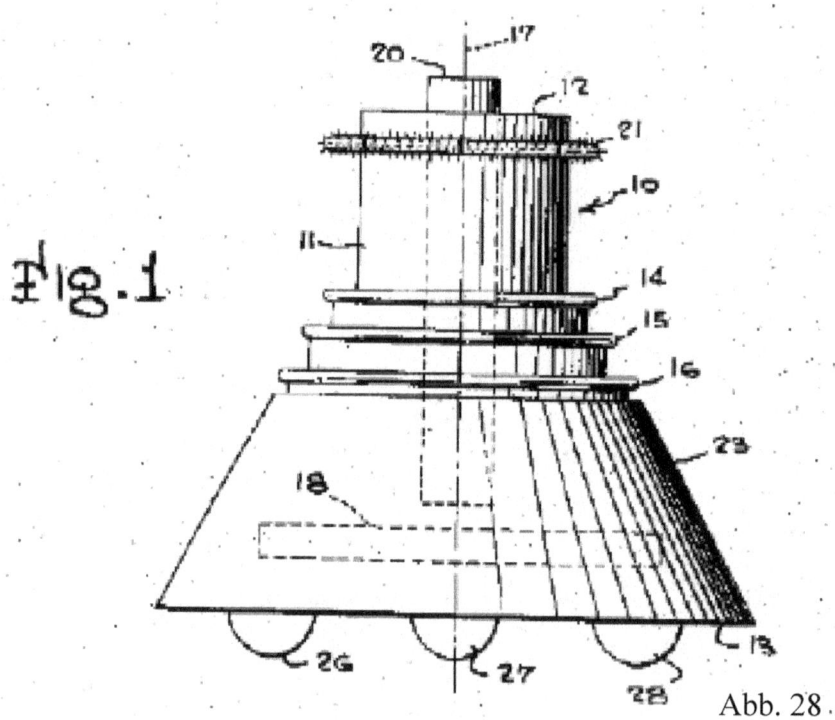

Abb. 28.

Sie sehen hier den schematischen Aufbau der patentierten Erfindung. Sicherlich wird Ihnen auch sofort auffallen, daß diese Antriebseinheit starke Ähnlichkeiten mit den Haunebus aufweist, die eingangs in diesem Buch vorgestellt wurden.

Der Haunebu-Antrieb
So funktionier(t)en die legendären UFOs

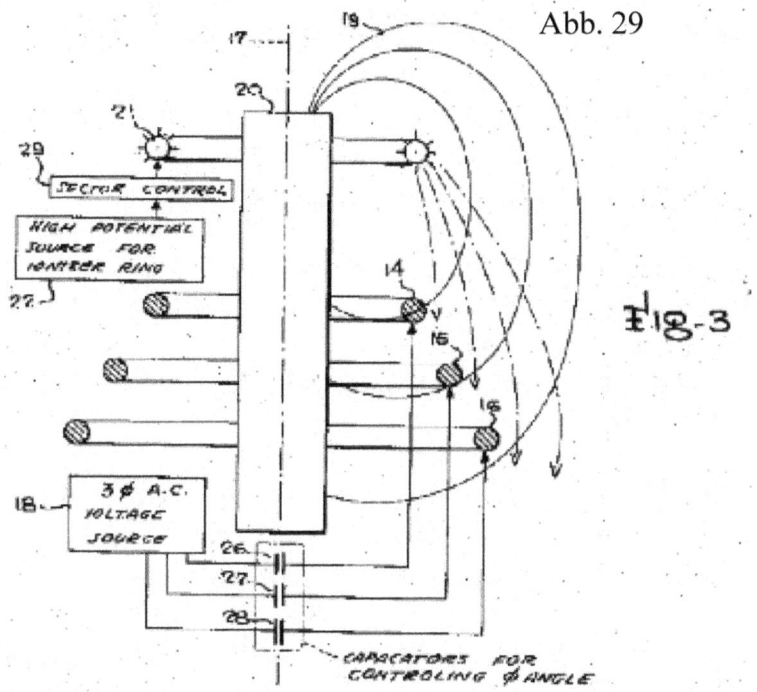

Abb. 29

Liest man sich die Beschreibung der einzelnen Elemente durch, so hat das Rätselraten, beispielsweise um die häufig als „Landefüße" bezeichneten kugelartigen Gebilden an der Haunebu-Unterseite, ein Ende. Es handelt sich um Kondensatoren. Somit ist auch gleich klar, daß diverse Zeichnungen, die diese Elemente mit herausschauenden Kanonen darstellen, der Phantasie ihrer Erschaffer entsprungen sind.

Tatsächlich gehe ich stark davon aus, daß Haunebus nie als unmittelbare Kriegsgeräte erschaffen wurden. Vielmehr sollten sie wahrscheinlich als Transportschiffe dienen. Dies ist mehr eine Vermutung als eine sichere Annahme.

Der Haunebu-Antrieb
So funktionier(t)en die legendären UFOs

Sie resultiert u.a. daraus, daß die Haunebus als vergleichsweise groß beschrieben wurden.

Kampfflugzeuge hätte man sicherlich wesentlich kleiner und leichter hergestellt.

Wahrscheinlich sah der Rohentwurf einen Truppen- oder Materialtransporter vor, der in nie dagewesener Geschwindigkeit und außerhalb der Reichweite jeder gegnerischen Waffe (nämlich im Orbit) Material und Menschen von einem Ort zum anderen befördert.

Aufgrund der hohen Zahl derer, die einen, wie auch immer gearteten Einsatz einer Elektronenröhre an Bord der Haunebus beschreiben, sowie durch dem Umstand, daß Mikrowellentechnologie ebenfalls einen gewaltigen Fortschritt zu jener Zeit machte, nämlich ursprünglich für den Einsatz als Radargerät, ist es durchaus möglich, daß solche Elektronenröhren (wie sie ja auch beim Radar bzw. Mikrowellenofen verwendet werden) tatsächlich zum Einsatz kamen, um das Plasma des Antriebs zu erzeugen.

In den nachfolgenden Zeichnungen finden Sie allerdings eine Vorrichtung, bei der das Plasma durch Lichtbogen erzeugt wird. Es erscheint zwar weniger elegant, stellt aber eine weitaus sicherere Lösung dar als der Beschuß mittels Mikrowellen und ist bereits integraler Teil des Magnetfeldes, durch das das Plasma geleitet wird.
Anders ausgedrückt. Das System, die Technologie aus Anode und Kathode, das zur Erzeugung eines Lichtbogens benötigt wird, ist ohnehin Bestandteil des Antriebs.

Der Haunebu-Antrieb
So funktionier(t)en die legendären UFOs

Warum sie dann nicht gleich zur Erzeugung des Plasmas verwenden?

Ein möglicher Grund für eine Entscheidung gegen ein solches Lichtbogensystem mag sein Verschleiß sein. Ein Mikrowellensystem ist sicherlich erheblich wartungsfreundlicher.

Es ist relativ simpel, das System dahingehend abzuändern, daß es mittels Mikrowellen zur Erzeugung des Antriebsplasmas funktioniert.
In der nachfolgenden Zeichnung sehen Sie, daß der Primärteibstoff, der zuvor „on the fly" erzeugt wurde (in diesem Fall handelt es sich um Wasserstoff), durch ein Pumpensystem in die Zündkammer geleitet wird.
Dort wird ein Lichtbogen zwischen eine Kathode und einer Ringanode erzeugt, der den einströmenden Wasserstoff in Plasma umwandelt.
Das Plasma entsteht im Bereich der Anode und wird durch nachgeschaltete Magnetspulen eingeschlossen und in Drehung versetzt sowie beschleunigt.
Die Größe des Plasmaoids wird dabei maßgeblich durch seine Erzeugung (Menge an Wasserstoff) sowie durch den Durchmesser der einzelnen Magnetspulen bestimmt.
Als Spannungsquelle für den zur Lichtbogenerzeugung hochfrequenten Strom mag tatsächlich die oftmals erwähnte Wimhurstmaschine oder eine Abwandlung hiervon, bekannt als sogenannte „Influenzmaschine", gedient haben, da es vergleichsweise schwierig gewesen sein mag, eine entsprechend hohe Spannung auf andere Art zu erzeugen.

Der Haunebu-Antrieb
So funktionier(t)en die legendären UFOs

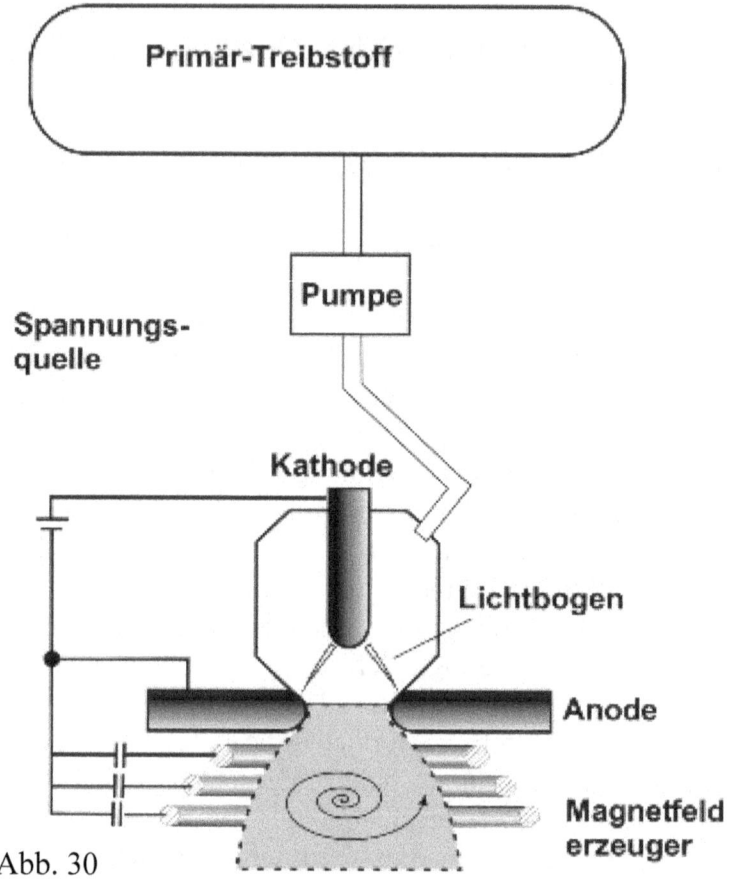

Abb. 30

In der Abbildung 31 sehen Sie wie ein solches Triebwerk möglicherweise in einem Haunebu verbaut war.

In den glockenförmigen Tragflächen befand sich ein großer, umlaufender Tank für den Sekundärtreibstoff, also in diesem Fall Wasser.

Höchstwahrscheinlich war der Tank in viele kleine Sektionen unterteilt um eine möglichst gleichmäßige Gewichts-

Der Haunebu-Antrieb
So funktionier(t)en die legendären UFOs

verteilung zu ermöglichen und eine zu abrupte Gewichtsverlagerung zu vermeiden.
Der so verlegten Tank hätte auch den Vorteil, daß sich das Haunebu über die Außenwand betanken ließ.

Der Tank für den Primärtreibstoff kann sehr viel kleiner gewesen sein. Möglicherweise lag er – ebenfalls kreisförmig angeordnet – neben dem Sekundärtank, da er nicht unmittelbar von außen betankbar sein muß.
Sicherlich handelte es sich um eine Art Drucktank, möglicherweise in Flaschenform wie wir sie von Sauerstoffflaschen oder Schweißgasflaschen her kennen.

Von dort aus wurde er über eine Leitung zur Zündkammer geleitet. Entweder geschah dies über Pumpen oder durch den Eigendruck in den Flaschen.

Innerhalb der Zündkammer existierte ein permanenter Lichtbogen zwischen der obenliegenden Kathode und der tieferliegenden, ringförmigen Anode.

Kam der Wasserstoff mit diesem Lichtbogen in Kontakt, wurde er nahezu augenblicklich in Plasma umgewandelt ,und zwar im Inneren des Anodenrings.
Von dort aus breitete und dehnte sich das Plasma nach außen hin aus. Wäre an dieser Stelle eine Austrittsdüse angebracht, so würde das Plasma nun durch sie hindurchströmen und einen vergleichsweise geringen Schub ausüben.
Dabei würde sich die Austrittsdüse jedoch derartig stark überhitzen, daß sie bald ausfiele.

Der Haunebu-Antrieb
So funktionier(t)en die legendären UFOs

Statt einer Austrittsdüse wird das Plasma jedoch von einem starken Magnetfeld empfangen, erzeugt durch kreisförmig angelegte Magnetspulen.

Das Magnetfeld hat eine ähnliche Funktionsweise wie die feststoffliche Austrittsdüse einer chemischen Rakete. Im Unterschied dazu jedoch funktioniert es berührungslos. Das bedeutet, das Magnetfeld verhindet den Kontakt hitzeempfindlicher Stoffe mit dem superheißen Plasma.

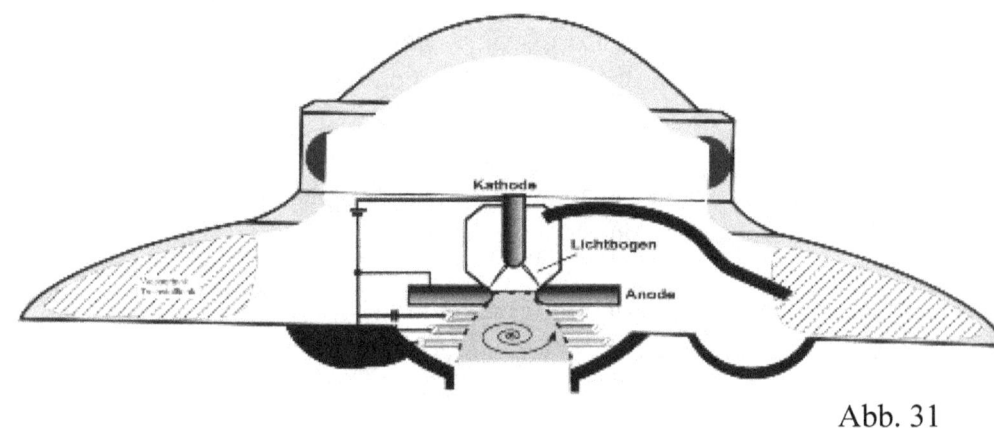

Abb. 31

Gleichzeitig versetzt es das Plasma in Drehung und beschleunigt seinen Austritt. Jede der eingezeichneten drei Magnetspulen beschleunigt das Plasma mehr als die vorangegangenen.
Bei den historischen Haunebus mag es mehr als drei Spulen dieser Art gegeben haben.

Wenn das Plasma letztendlich aus dieser unsichtbaren Magnetfelddüse austritt, ist es superschnell und erzeugt eine

Der Haunebu-Antrieb
So funktionier(t)en die legendären UFOs

enorme Schubkraft.
Gesteuert werden die Magnetfelder über vier Kondensatoren, die letzendlich auch der Steuerung des Haunebu dienen. Die Kondensatoren in jenen, für Haunebus so charakteristischen, kugelförmigen Bauteilen untergebracht, die einige Autoren und Websitebetreiber gerne als „Landefüße" beschreiben.

Tatsächlich dürften die Haunebus über einklappbare Landevorrichtungen verfügt haben, denn es ist kaum anzunehmen, daß sie bei Start und Landung mit so wenig Platz unter dem Schiff gefahrlos das Antriebsplasma erzeugen konnten. Die Temperaturen hätten möglicherweise Teile der Außenhaut zerstört.

Somit scheint klar, daß die Haunebus mit wesentlich mehr Abstand zum Boden aufsetzen mußten, also über entsprechend lange Landevorrichtungen verfügen mußten.

Gut 2/3 der Größe eines Haunebu dienen der Lagerung von Treibstoff sowie der Antriebseinheit. Nur etwa 1/3 sind begehbar oder andersweitig nutzbar.

Es ist wahrscheinlich, daß der stets mit Bullaugen dargestellte, zylindrische Bereich oberhalb der Glocke tatsächlich den Mannschaftsraum oder Lagerraum darstellte. Pilot und Navigator saßen wahrscheinlich ganz oben unterhalb der Kuppel.

Dieser Bereich lag weit genug vom eigentlichen Plasma entfernt und war deshalb gut gegen die Wärmeabstrahlung

Der Haunebu-Antrieb
So funktionier(t)en die legendären UFOs

geschützt, die ja nach unten gerichtet war.
Wahrscheinlich mußte die Mannschaft diesen Bereich von außen über die Glocke erreichen, da es kaum anzunehmen ist, daß man einen Durchgang (und damit eine Schwachstelle) zwischen Antriebsraum und Mannschaftsraum ließ.

Anders als in diversen Science-Fiction Filmen dürfte es kaum möglich gewesen sein, daß ein Mechaniker sich während des Fluges im „Maschinenraum" zu schaffen machte, denn dort dürften stellenweise Temperaturen um die 200 – 300 Grad oder mehr geherrscht haben.
Anders kennen wir das von heutigen Düsenjets ja auch nicht. Oder können Sie sich vorstellen, daß ein Mechaniker während des Fluges durch die Tragfläche eines Flugzeuges (die gleichzeitig als Tank dienen) kriecht und sich an den Turbinen zu schaffen macht?

Es ist vorstellbar, daß ursprünglich regelrechte „Bahnhöfe" bzw. Andockstationen für die Haunebus vorgesehen waren, die den Raum unter dem Schiff frei ließen und ein leichtes Betreten und Beladen des Schiffs ermöglichten.
Anders wäre es sehr schwierig und mühselig, überhaupt ins Innere eines solchen Schiffs zu gelangen. Zunächst müßte man etwa 6-7 Meter in die Höhe klettern, um dann an der Außenhaut der Glocke entlang zu einer Luke zu gelangen, die ins Innere des Mannschaftsdecks führt.

Wie mag ein Haunebu gebaut worden sein?

Es ist anzunehmen, daß die Ingenieure und Konstrukteure nicht allzu sehr von bewährten Konzepten abwichen.

Der Haunebu-Antrieb
So funktionier(t)en die legendären UFOs

Bis heute werden Flugzeuge zumeist in der sogenannten Spanten- und Stringerbauweise konstruiert. Vereinfacht ausgedrückt werden dabei dünne Bleche auf eine stabilisierende Rahmenkonstruktion aufgenietet.
Diese Bauweise verbindet ein geringes Gewicht mit hoher Verwindungssteifigkeit. Gewissermaßen ergänzen sich Rahmen und Bleche in ihrer Funktion.

Nahezu alle Flugzeuge und sogar die bekannte deutsche Rakete A4 war in dieser Bauweise konstruiert. Bei ihr kamen Stahlbleche zum Einsatz. Beim Haunebu ist jedoch anzunehmen, daß zur Gewichtsreduktion eine spezielle Aluminiumlegierung – Dural genannt – zum Einsatz kam.

Die großen Einzelteile aus denen ein Haunebu besteht, wären anders auch gar nicht zu fertigen gewesen. Die Annahme einiger Autoren und Websitebetreiber, daß (zumindest für einige Antriebsteile) riesige Scheiben, die aus einem Stück bestanden und sich mit hoher Geschwindigkeit drehten, verbaut worden seien, ist völlig aus der Luft gegriffen. Wie hätte man derartige Bauteile, die Konstrukteure sogar heute noch vor schwerste Probleme stellen, fertigen sollen?

Die Annahme, daß es im Inneren der Haunebus rotierende Elemente gab, ist ebenfalls aus gleichen Gründen vollkommen undenkbar. Die kleinste Unwucht hätte ein solches Schiff nicht nur taumeln, sondern zerbersten lassen.

Diese Annahme fußt zum größten Teil auf die Überlegungen rund um die kreisrunde Bauform der Haunebus und

Der Haunebu-Antrieb
So funktionier(t)en die legendären UFOs

artverwandter Flugschiffe.

Warum sollte man auf die Idee kommen, einen Flugkörper kreisrund zu gestalten, wenn er nicht einer kreiselnden Funktion dient?

Die Antwort ist – wenn man einen Plasmaantrieb als Triebwerkskonzept für die Haunebus annimmt – ganz einfach:

Ein Haunebu hatte keinen definierten Bug. Es konnte sich frei im dreidimensionalen Raum bewegen.
Ganz anders ist dies bei einem Flugzeug. Ein Flugzeug fliegt immer nur in eine Richtung, nämlich nach vorn. Will der Pilot die Richtung ändern, so muß er diesen, als vorn definierten Punkt, in dem zugleich auch das Cockpit untergebracht ist, in die gewünschte Richtung bringen. Eine Kurve ist die Folge.

Ganz anders beim Haunebu. Durch Reduktion des Schubes auf einer Seite wird ein Haunebu zur anderen Seite gelenkt. Es behält dabei zwar aufgrund der Masseträgheit seinen Vortrieb, kann aber ansonsten übergangslos und nahezu kurvenfrei die Richtung ändern.

Der Pilot muß hier aber – sofern er immer nach vorn schauen will – seinen Platz innerhalb der Steuerkanzel verändern. Wenn der Pilot im relativ kleinen Raum oberhalb des Mannschaftsdecks saß, dürfte diese Umorientierung kein nennenswertes Problem dargestellt haben.

Möglicherweise bestand die Kuppel vollständig aus Glas und der Pilot saß in ihrem Zentrum in einem drehbaren

Der Haunebu-Antrieb
So funktionier(t)en die legendären UFOs

Pilotensitz.

Ein weiterer Grund für die sehr spezielle Bauform der Haunebus mag die Ausnutzung des sogenannten Coanda-Effektes sein.

Der Haunebu-Antrieb
So funktionier(t)en die legendären UFOs

Henri Coanda und der Coanda Effekt

Anfang des 20. Jahrhunderts machte der rumänische Physiker und Aerodynamiker Henri Coanda einige für die Luftfahrt heute sehr wichtige Entdeckungen zum Strömungsverhalten von Gasen an festen Oberflächen.

Er stellte fest, daß, wenn man an der konvexen Oberseite eines gekrümmten Blattes entläng bläst, das Papier dadurch nicht etwa - wie man vielleicht zunächst aus logischen Überlegungen annehmen könnte - nach unten gedrückt, sondern vielmehr angehoben wird.

Ein auf der Oberseite des Papierblattes entlangströmender Luftstrom erzeugt also einen Auftrieb.
Coanda baute 1910 auch einen Prototypen, bei dem dieser Effekt zum Einsatz kommen sollte, jedoch waren seine praktischen Versuche nicht von Erfolg gekrönt.

Erst später entdeckt man wie man den Coanda-Effekt efektiv nutzen konnte.
Tatsächlich kann man alleine damit ein fernsteuerbares Flugmodell zum Abheben bringen.

Im Jahre 2006 entwarf der französische Forscher Jean Louis Naudin sein „Coanda-Effect Flying Saucer", eine kleine „fliegende Untertasse", die ausschließlich mithilfe des vorgenannten Coanda Effekts in der Lage ist, abzuheben, zu fliegen und zu mavövrieren.

Der Haunebu-Antrieb
So funktionier(t)en die legendären UFOs

Auf seiner Internetseite
http://jlnlabs.online.fr/gfsuav/gfsuavn01a.htm
findet sich eine genaue und sehr detaillierte Bauanleitung nebst maßstabsgerechter Zeichnung und Schaltpläne zum Nachbau dieses ausßergewöhnlichen Flugzeugs. das zum größten Teil aus preiswertem, leichtem Schaumstoff besteht.

Beim Autor und beim Herausgeber dieses Buches erhalten Sie auf Anfrage ebenfalls eine Konstruktionszeichnung für ein kleines Rundflugzeug mit Coanda-Effekt-Antrieb. Dabei handelt es sich um eine modifizierte Version des von Jean Louis Naudin entworfenen Modells, die an Aufbau und Form des Haunebu angepaßt ist.
Jedoch existiert leider keine schrittweise Bauanleitung zu diesen Plänen, so daß der Bau dieses kleinen Flugzeugs eher für versiertere Modellbauer geeignet ist.

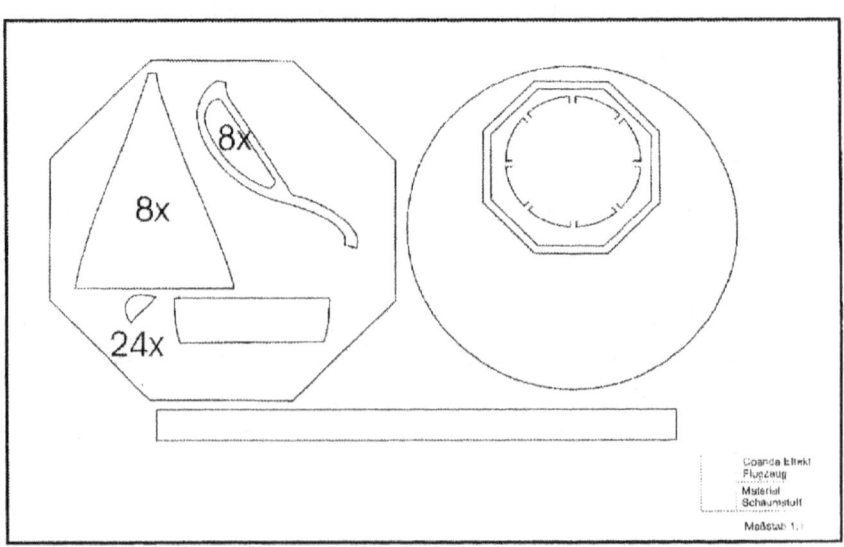

Abb. 32

Der Haunebu-Antrieb
So funktionier(t)en die legendären UFOs

Auf der Spitze des Vehikels (im Fall der modifizierten Version am Boden) sitzt ein kleiner, horizontal angebrachter Impeller, der einen Luftstrom entlang der Außenhaut des Flugzeuges erzeugt. Dieser Luftstrom sorgt für den nötigen Auftrieb. Durch einseitige Unterbrechung des Luftstroms wird die Untertasse gesteuert und meistert teilweise abenteuerliche Flugmanöver.

Es ist stark anzunehmen, daß der Coanda-Effekt in die Überlegungen bei der Konstruktion der Haunebus mit einfloß, was ein weiterer Grund für den glockenförmigen Aufbau wäre.

Tests mit dem o.g. modifizierten Coanda-UFO legen den Schluß nahe, daß gerade die Glockenform des Haunebu für einen zusätzlichen Auftrieb während senkrechter Manöver ermöglicht.

Der Coanda Effekt dürfte bei senkrechten Flügen, etwa in den Erdorbit oder um möglichst rasch an Höhe zu gewinnen, zu einer Reduktion der Antriebsenergie geführt haben.

So gesehen gingen die Haunebus den entgegengesetzten Weg der Raketen bei der Lösung des Problems, das durch den Luftwiderstand entsteht. Während Raketen auf möglichst geringe Angriffsfläche setzen und deshalb lang, schlank und spitz gebaut sind, nutzten die Haunebus wahrscheinlich gerade jenen Luftstrom aus, um leichter an Höhe zu gewinnen und Energie einzusparen.

Der Haunebu-Antrieb
So funktionier(t)en die legendären UFOs

Dieser Effekt reduziert sich allerdings mit steigender Höhe und damit abnehmenden Luftmassen. Im All dürfte die besondere Bauweise der Haunebus wohl keinen nennenswerten Vorteil geboten haben. Es hätte dort ebensogut kugelförmig wie viereckig oder gar komplett unförmig sein können.

Nichtsdestotrotz stellt die Nutzung des Coanda-Effekts eine wesentlich elegantere Lösung dar, als beispielsweise der Bau von besonders stromlinienförmigen Flugzeugen, die dem Wind möglichst wenig Widerstand entgegen-setzen.

Zudem könnte die Ausnutzung des Coanda-Effekts zur Steuerung beigetragen haben, zumindest solange sich das Haunebu erdnah, also innerhalb der Erdatmosphäre bewegte.

Auch Andreas Epp berichtete in seinem Buch „Die Realität der Flugscheiben"[*1] über die Ausnutzung des Coanda-Effekts. Wenn dem so war, dann wurde dieser Effekt bereits schon wesentlich früher, als die Flugscheibentechnologie noch auf der Basis von Hubscheiben und Rotoren basierte, fest eingeplant. Warum hätte man beim Haunebu also darauf verzichten sollen?

Der Haunebu-Antrieb
So funktionier(t)en die legendären UFOs

Wie flogen Haunebus?

Vereinfacht könnte man es so darstellen, daß sich die Steuerung eines Haunebus der Steuerung eines Helikopters annähert.

Höchstwahrscheinlich war ein Haunebu nicht nur mit einem einzelnen, sondern mit mehreren, wahrscheinlich insgesamt drei oder vier, Einzeltriebwerken ausgestattet, die gemeinsam oder getrennt voneinander bedient werden konnten.

Startet der Pilot alle Triebwerke als eine Einheit, so steigt das Haunebu senkrecht in den Himmel. Tariert er die Triebwerksleistung dieser Gesamt-Triebwerkseinheit entsprechend der Schwerkraft aus, kann das Haunebu mehr oder weniger regungslos – abhängig von Wind und Wetter – in der Schwebe verharren.

Ist der Schub der Triebwerke jedoch größer als die Gravitation, steigt das Haunebu unvermittelt höher. Dabei sind ihm keinerlei Grenzen gesetzt. Seine Triebwerke funktionieren – anders als bei herkömmlichen Flugzeugen und Helikoptern – auch in großen Höhen. Sie benötigen keine Luft und keinen Sauerstoff.
In großen Höhen wird der Coanda-Effekt nachlassen und der Pilot wird die Triebwerksleistungn etwas erhöhen, um eine konstante Geschwindigkeit beizubehalten.

Diese Geschwindigkeit entspricht in etwa der Geschwindigkeit schneller Flugzeuge, ist also weitaus geringer als

Der Haunebu-Antrieb
So funktionier(t)en die legendären UFOs

die Geschwindigkeit von Raketen.
Mit dieser Geschwindigkeit erreicht es den Orbit.

Auch hier verhält es sich anders als klassische Raumkapseln oder Raumstationen, denn es benötigt keine stabile Umlaufbahn um nicht wieder auf die Erde „zurückzufallen", sondern kann dank seiner Triebwerke frei im Orbit operieren.

Aufgrund des hier fehlenden Luftwiderstands kann der Pilot die Triebwerksleistung drosseln. Zum Schutz vor Strahlung schaltet er einen Plasmaschirm ein, der das gesamte Haunebu in eine Plasmablase einhüllt. Hier wird allerdings kein heißes Plasma wie für den Antrieb verwendet, sondern sogenanntes „kaltes Plasma". Dieses taucht das Haunebu in ein vielfarbiges Leuchten und schützt es vor der Sonnenstrahlung.

Die Rückkehr zur Erde gestaltet sich genauso wie der Aufstieg in den Orbit. Durch weiteres Drosseln der Triebwerke wird das Haunebu in einen kontrollierten Sinkflug geleitet.

Einen Hitzeschild benötigt es dafür nicht, denn anders als die klassischen Raumschiffe sinkt es mit weitaus geringerer Geschwindigkeit.

Klassische Raumschiffe, wie etwa das Spaceshuttle dringen aus einer sogenannten „stabilen Umlaufbahn" in die Erdatmosphäre ein.

Diese stabile Umlaufbahn ist bei klassischen Raumschif-

Der Haunebu-Antrieb
So funktionier(t)en die legendären UFOs

fen eine Notwendigkeit. Ohne diese würden klassische Raumschiffe von der Erdanziehung wieder zur Erde zurückgezogen, sobald die Raketentriebwerke ausgebrannt sind.

Eine stabile Umlaufbahn bedeutet, daß ein Raumschiff mit der unglaublichen Geschwindigkeit von ca. 28.000 km/h um die Erde kreist, um nicht auf die Erde zurückzufallen. Das ist ungefähr die 22-fache Schallgeschwindigkeit. Dabei hätte es, selbst wenn es wollte, gar keine Möglichkeit, diese Geschwindigkeit zu drosseln, da dafür fast die gleiche Energie aufgewandt werden müßte wie für den Start (und die Raketen-triebwerke nun einmal beim Start aufgebraucht werden).

Vereinfach ausgedrückt wuchten die Antriebsraketen das Raumschiff von der Erde in eine Umlaufbahn und sind dann verbraucht. Die kinetische Energie, die die Raketen hinterlassen haben, bleibt jedoch erhalten, da es keinen Luftwiderstand und somit keine Reibungsverluste gibt, die sie aufzehren könnten.

Nur abbremsen ist nicht mehr möglich.

Daher treten klassische Raumschiffe bei ihrer Rückkehr zu Erde mit dieser unglaublichen Geschwindigkeit in die Atmosphäre ein und treffen dort plötzlich wieder auf Luftwiderstand. Die auftretende Reibung sorgt für die bekannten Effekte und die Notwendigkeit eines Hitzeschildes.

Das Haunebu hingegen sinkt mit ungefähr der gleichen Geschwindigkeit mit der es gestartet ist. Anders als klassische Raumschiffe kann es auch senkrecht sinken und muß nicht die halbe Erdkugel umrunden bis es am Boden ist.

Der Haunebu-Antrieb
So funktionier(t)en die legendären UFOs

In Bodennähe fängt der Pilot den Sinkflug ab und drosselt die Leistung des vorderen Triebwerks. Sofort beginnt das Haunebu in die Richtung des gedrosselten Triebwerks, also nach vorn, zu fliegen und neigt sich leicht.
Durch den noch nicht abgeschalteten Plasmaschild sieht man nur ein fliegendes Gebilde, das in unterschiedlichen Farben leuchtet.

Der Pilot setzt die Flugrichtung fort und steigert die Leistung der Triebwerke.
Das Haunebu fliegt nun mit der Geschwindigkeit eines Kampfjets nur wenige hundert Meter über dem Boden.

Am Horizont taucht ein Hindernis auf.

Der Pilot erhöht den Schub des vorderen Triebwerks und vermidert den Schub des hinteren wodurch ein Umkehrschub eingeleitet wird, der das Haunebu abbremst. Durch die Masseträgheit fliegt es jedoch weiterhin auf das Hindernis zu.
Nun drosselt der Pilot die Leistung des rechten Triebwerks und erhöht die Leistung des linken. Sofort ändert das Haunebu seine Richtung. Während es durch die Masseträgheit weiter nach vorne fliegt, neigt es sich gleichzeitig leicht nach rechts und fliegt nach rechts.

Nachdem das Haunebu das Hindernis passiert hat, erhöht der Pilot die Leistung des rechten Triebwerks wieder und drosselt die Leistung des vorderen Triebwerks.

Für einen Betrachter am Boden erscheint dieses Manöver,

Der Haunebu-Antrieb
So funktionier(t)en die legendären UFOs

als würde das Haunebu einen Zickzack-Kurs fliegen.

Um eine vollständige Richtungsänderung zu fliegen, gleicht der Pilot den Schub des vorderen Triebwerks an und drosselt den Schub des linken. Während das Haunebu die Richtung ändert, dreht er seinen Pilotensitz nach links, dorthin, wo sich nun der „Bug" des Haunebu befindet.

In einem modernen Haunebu sitzt der Pilot natürlich nicht vor vier separaten Gashebeln, mit denen er den Schub der einzelnen Triebwerke regelt. Vielmehr steuert er das Haunebu mit einem Joystick und ein Rechner steuert die einzelnen Triebwerke. (Bei den historischen Modellen ist diese Form der Steuerung jedoch durchaus denkbar, was die Steuerung eines Haunebu schwierig gemacht haben dürfte.)

Quasi per Knopfdruck leitet der Pilot das Landemanöver ein, nachdem er das Haunebu zum Stillstand gebracht hat. Langsam drosselt der Flugrechner die Leistung aller Triebwerke und setzt auf diese Weise einen kontrollierten Sinkflug in Gang, bis das Haunebu sanft aufsetzt.

So oder so ähnlich könnte man sich den Flug in einem Haunebu vorstellen.

Der Haunebu-Antrieb
So funktionier(t)en die legendären UFOs

War das jetzt alles?

Wenn Sie zu jenen gehören, die sich schon vorher mit den „deutschen Wunderwaffen" beschäftigt haben, die von unglaublichen, durch Außerirdische inspirierte Technologien gelesen haben, von einem Antigravitationstriebwerk, ja sogar von Zeitreisen...

...dann sind Sie jetzt sicherlich enttäuscht angesichts der Aussage, daß es sich beim Haunebuantrieb lediglich um ein weiteres Rückstoßtriebwerk gehandelt hat.

Doch seien wir mal ehrlich: Was halten Sie für wahrscheinlicher? Glauben Sie ernsthaft, daß es telepathische Kontakte zu fremden Galaxien gab? Glauben Sie ernsthaft, daß dieses Wissen dann auch mit irdischer Technologie umgesetzt werden konnte und das in so kurzer Zeit, mitten im Zweiten Weltkrieg?

Oder ist es nicht sehr viel wahrscheinlicher, ja sogar zwingend logisch, daß man am Rückstoßkonzept festhielt mit dem man bereits Erfahrungen gesammelt hatte und erfolgreich war und daß man auf Technologien zurückgriff, die zur Verfügung standen?

Wie wahrscheinlich ist es, daß deutsche Wissenschaftler, als sie von Hannes Alfvens Forschung erfuhren, diese Erkenntnisse sofort mit ihren Erfahrungen verbanden und sich daran machten, sie in ihr Rückstoßkonzept zu integrieren?

Der Haunebu-Antrieb
So funktionier(t)en die legendären UFOs

Es muß diesen Männern wie ein kleines Wunder erschienen sein. Endlich gab es eine Lösung für das Treibstoffproblem und alle Probleme, die bisherige Flugzeugtriebwerke in großen Höhen machten.

Es war die perfekte Kombination aus Strahltriebwerk und Raketentriebwerk und es erforderte nichts, was man nicht schon hatte oder wußte.

Letztendlich brauchten die Ingenieure nur noch die einzelnen Komponenten zusammenzusetzen und zu testen.

Doch eine Ungewißheit blieb. Wie würde sich ein solcher Flugkörper verhalten? Wie würde er sich steuern lassen?

Ich bin der Überzeugung, daß die Aussagen von Andreas Epp der Wahrheit entsprechen.
Warum?
Sein Omega Diskus ist im Prinzip die Nachbildung eines Haunebu – nur mit dem Unterschied, daß der Omega Diskus einen konventionellen Propellerantrieb verwendet und somit natürlich nicht in großen Höhen, schon gar nicht im Erdorbit, operieren kann.
Doch ist es das perfekte Übungs- und Versuchsobjekt für spätere Haunebus. Seine Steuerung funktioniert nach einem ganz ähnlichen Prinzip und auch er nutzt den Coanda-Effekt, um energiesparender steigen zu können.

Sicherlich flossen zahlreiche Erfahrungswerte aus dem Flugverhalten und der Steuerung solcher und ähnlicher „UFOs" in die Entwicklung der Haunebus mit ein.

Der Haunebu-Antrieb
So funktionier(t)en die legendären UFOs

Möglicherweise waren die konventionellen Flugkreisel gar als Übungsgeräte für die Pilotenausbildung der Haunebu-Piloten gedacht.

Ich will nicht behaupten, daß es nicht noch andere Konzepte für Antriebssysteme gibt. Die Ideen eines Otis T. Carr, eines David Hamel oder eines John Searl sind sicherlich interessante Startpunkt für weitergehende Forschung.

Doch muß man sie als Kinder jener Zeit betrachten, in denen die Medien voll waren von deutschen Wunderwaffen, von deutschen UFOs und ihren Konstrukteuren.

Sie erschufen ihre Denkmodelle, als ständig neue UFO-Sichtungen bekannt wurden und ein regelrechter UFO Hype ausbrach.
Viele blickten zu Wernher von Braun und sahen in ihm einen Mann, der ein unglaubliches Geheimnis hütete und vielleicht eines Tages offenbarte.
Doch von Braun schenkte den Amerikanern lediglich das Raketentriebwerk. In eine andere Technologie war er wohl auch nie involviert gewesen.

Im Rahmen des Coler Magnetstromapparates hörten diese Erfinder und Tüftler von freier Energie und daß man sie mithilfe von Permanentmagneten erzeugen könnte.
Und so ist es nicht weiter verwunderlich, daß sie Konzepte entwarfen, die ihrer Ansicht nach freie Energie und Levitation liefern könnten.

Der Haunebu-Antrieb
So funktionier(t)en die legendären UFOs

Doch die offensichtlich fehlenden Informationen zu den echten Haunebus ließ viele dieser Tüftler über das eigentliche Ziel hinaus schießen.

Der Haunebu-Antrieb
So funktionier(t)en die legendären UFOs

Alles Quatsch?

Ich will nicht verheimlichen, daß die moderne Wissenschaft, die den Plasmaantrieb sehr gut kennt, diesen für ungeeignet hält.

Dies hängt maßgeblich mit seiner – im Vergleich zum Raketentriebwerk – geringeren Schubkraft zusammen.
Es wird behauptet, ein Plasmatriebwerk würde zu wenig Schub erzeugen, um ein Raumschiff in den Orbit zu bringen.

Doch wenn Sie diese Behauptung überdenken, dann finden Sie auch sogleich den Denkfehler, der ihr innewohnt. Muß ein Raketentriebwerk denn unbedingt so viel Schub erzeugen? Heben Flugzeuge nicht auch vom Boden ab, obwohl ihre Triebwerke wesentlich weniger Schub erzeugen als ein Raketentriebwerk?

Sie werden jetzt vielleicht sagen: „Ja, aber Flugzeuge fliegen auch nicht bis ins All"

Damit haben Sie zweifellos recht, aber sie fliegen nicht deshalb nicht bis ins All, weil sie dafür zu wenig Schub hätten. Vielmehr benötigen ihre Triebwerke Luft, und Luft ist auch notwendig, um über Tragflächen Auftrieb zu erzeugen.
Deshalb fliegen Flugzeuge nicht bis in den Orbit, sondern bleiben in Höhen, wo es hinreichend Luft gibt.

Es gibt keine Gravitationsbarriere irgendwo zwischen At-

Der Haunebu-Antrieb
So funktionier(t)en die legendären UFOs

mosphäre und Orbit, die sich nur mit allergrößter Kraft überwinden läßt. Tatsächlich läßt die Gravitation nach, je höher das Raumschiff fliegt.

Der Grund, warum eine Rakete diesen unglaublichen, immensen Schub benötigt ist, daß sie einen Wettlauf gewinnen muß, und zwar den Wettlauf gegen den Treibstoffverbrauch.

Es ist so: Hat eine Rakete den Erdorbit nicht erreicht, bis ihr Raketentreibstoff aufgebraucht ist, fällt sie einfach vom Himmel. Sie muß den Bereich relativer Schwerelosigkeit und ihre Umlaufbahn daher in der kürzestmöglichen Zeit erreicht haben.

Gilt das auch für ein Haunebu? Nein!
Ein Haunebu besitzt unter Schwerkraftbedingungen Treibstoff für viele Stunden; im All sogar für mehrere Monate. Es muß nicht mit einem Gewaltakt in den Orbit katapultiert werden, um dort dazu verdonnert zu sein, mit der einmal erreichten Geschwindigkeit, und ohne die Möglichkeit des Abbremsens, um die Erde zu kreisen.

Es kann wie ein Flugzeug höher und höher steigen. Doch anders als ein Flugzeug benötigt es keine Luft, um zu funktionieren. Seine Triebwerke verlieren in großen Höhen nicht an Leistung, denn weder das Haunebu selber noch sein Triebwerk benötigen Luft zum Fliegen, und so steigt es weiter und weiter.

Kurz gesagt: Einem Plasmaantrieb, dem es gelingt, ein

Der Haunebu-Antrieb
So funktionier(t)en die legendären UFOs

Raumschiff auch nur wenige Meter vom Boden abheben zu lassen, gelingt es auch, das gleiche Raumschiff bis in den Erdorbit und darüber hinaus zu befördern, einfach deshalb weil sich für einen Plasmaantrieb die Bedingungen in luftarmen und luftleeren Bereichen nicht verändern.

Ein Plasmatriebwerk wird vielleicht nicht die Schubkraft eines Raketentriebwerks erreichen, denn die dazu benötigten Vorrichtungen wären so immens und schwergewichtig, daß das Raumschiff dann einen noch stärkeren Antrieb als einen Raketenantrieb benötigen würde. Aber es erreicht ausreichend Schub, um ein Haunebu vom Boden abheben zu lassen.
Ist dies erreicht, sind Flüge außerhalb der Erdatmosphäre kein Problem.

Die Schubkraft eines Senkrechtstartes, wie etwa eines Harrier Kampfjets, angepaßt an das Gewicht des Raumschiffes, würde hierzu ausreichen.

Der Haunebu-Antrieb
So funktionier(t)en die legendären UFOs

Patentrecherche

Es gibt unzählige interessante Patente und zahlreiche findige Händler, die Ihnen gerne Patente (oder besser: Patentabschriften) für viel Geld verkaufen möchten.

Doch Patentabschriften stehen eh jedermann zur Recherche zur Verfügung. Sie sind also vollkommen kostenlos. Was Sie einem Patenthändler bezahlen, das zahlen Sie für seinen Aufwand bei der Patentrecherche und der Nutzbarmachung (z.B. als CD oder als Druck).

Wenn Sie wissen wie und wo Sie suchen müssen, können Sie sich die Kosten sparen. Das deutsche Patentamt z.B. bietet Ihnen die Möglichkeit, sämtliche Patente als pdf-Datei herunterzuladen.

Besuchen Sie dazu einfach die Internetseite des deutschen Patentamtes unter http://www.patentamt.de oder besser gleich die Rechercheseite des deutschen Patent- und Markenamtes unter http://depatisnet.dpma.de

Ich wähle immer die Einsteigersuche. Sie reicht vollkommen aus. Wenn Sie die Patentnummer kennen, geben Sie sie in das entsprechende Suchfeld ein. Sie können auch mit dem Namen des Erfinders oder der Bezeichnung der Erfindung suchen.

Die Patentschrift wird Ihnen zunächst als Einzelblatt-PDF angezeigt. Sie können sich aber auch die gesamte Patent-

Der Haunebu-Antrieb
So funktionier(t)en die legendären UFOs

schrift zu einem einzigen PDF-Dokument zusammenstellen und anzeigen lassen. Mit einem Klick auf „Kopie speichern unter" in Ihrem Adobe PDF-Reader speichern Sie das Dokument dauerhaft auf Ihrer Festplatte.

Hier eine kleine Auswahl interessanter Patente, die nachzuschlagen sich lohnt:

USP # 6,270,036
Blown-Air Lift Generating
Rotating Airfoil Aircraft
Lowe, Charles S., Jr.

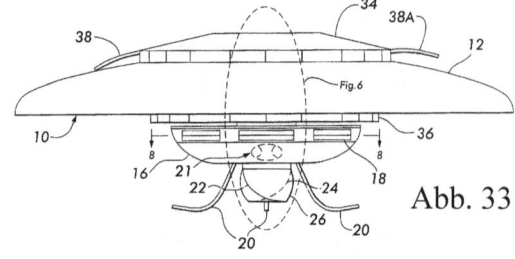

Abb. 33

USP # 6,179,247
Personal Air Transport
Milde, Jr., Karl F.

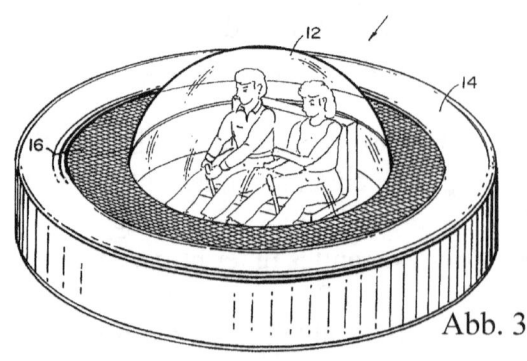

Abb. 3

USP # 5,881,970
Levity Aircraft Design
Whitesides, Carl W.

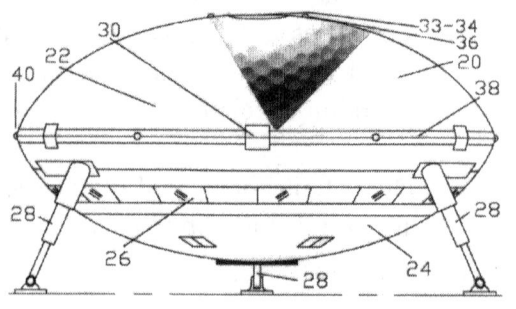

Abb. 35

Der Haunebu-Antrieb
So funktionier(t)en die legendären UFOs

USP # 5,653,404
Disc-Shaped Submersible
Aircraft
Ploskin, Gennady

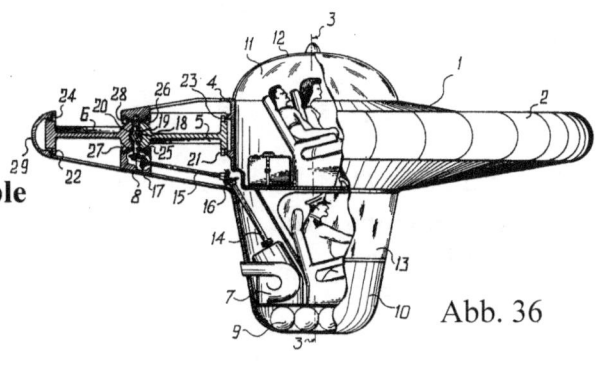

Abb. 36

USP # 5,351,911
VTOL Flying Disc
Neumayr, George A

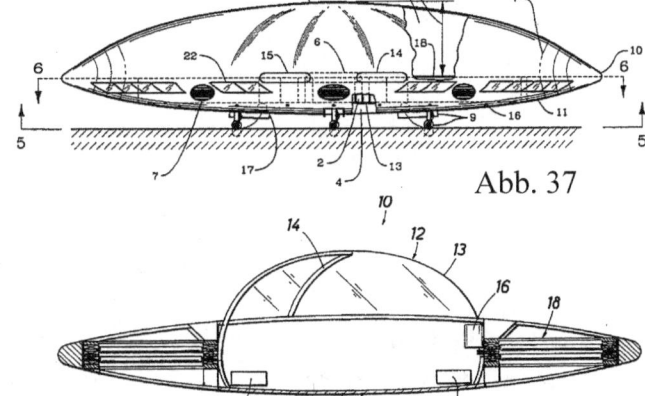

Abb. 37

USP # 5,344,100
Vertical Lift Aircraft
Jaikaran, Allan

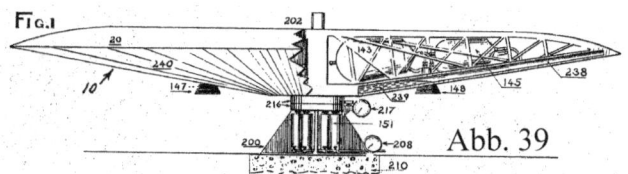

Abb. 38

USP # 3,537,669
Manned Disc-Shaped
Flying Craft
Modesti, James N.

Abb. 39

USP # 2,935,275
Disc-Shaped Aircraft
Grayson, Leonard W.

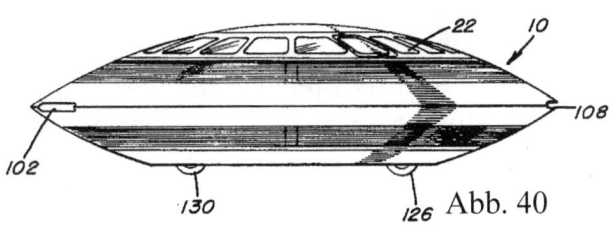

Abb. 40

Der Haunebu-Antrieb
So funktionier(t)en die legendären UFOs

USP # 2,863,621
Vertical & Horizontal
Flight Aircraft
Davis, John W.

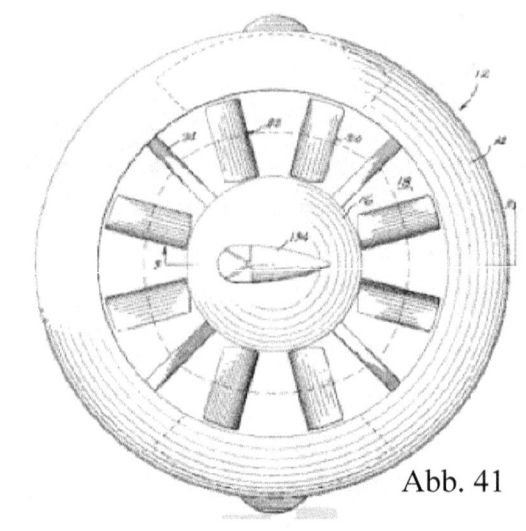

Abb. 41

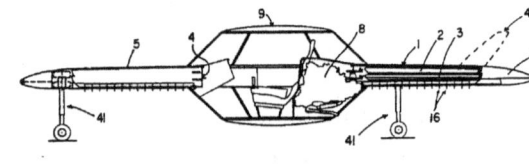

USP # 5,064,143
Aircraft Having a Pair
of Counter Rotating
Rotors
Bucher, Franz

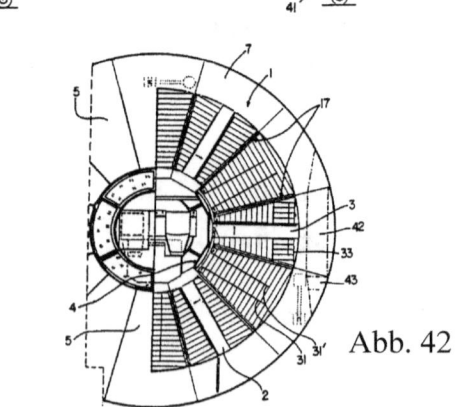

Abb. 42

So weit die relativ simplen Konstruktionen, zumeist auf Hubscheibentechnologie basierend.

Der Haunebu-Antrieb
So funktionier(t)en die legendären UFOs

Nun zu einigen Patenten, die ich Ihnen sehr gerne zur Durchsicht und intensivem Studium empfehlen möchte.

Es handelt sich hierbei um unkonventionelle, dem Haunebuantrieb sehr ähnliche Triebwerkskonzepte.

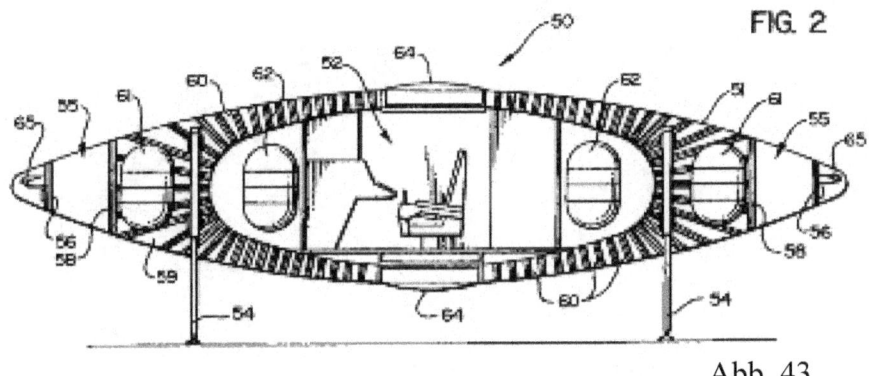

Abb. 43

Patent # 5,211,006 vom 18. Mai 1993
Magnetohydrodynamic Propulsion System
Erfinder: Michael J. Sohnly

Das Prinzip dieses Konzeptes das gleiche wie beim klassichen Haunebuantrieb (so, wie er in diesem Buch beschrieben wird), es wird jedoch etwas anders umgesetzt.
Auf insgesamt 34 Seiten werden die Funktionsweise und technische Besonderheiten des gesamten Raumschiffs vorgestellt.
Zwar kann man bei Patentschriften grundsätzlich keine detaillierte Bauanleitung erwarten, der Erfinder hat seine Erfindung jedoch so gut und detailliert beschrieben, daß man ihre Funktionsweise gut erkennt und ggf. nachvollziehen kann.

Der Haunebu-Antrieb
So funktionier(t)en die legendären UFOs

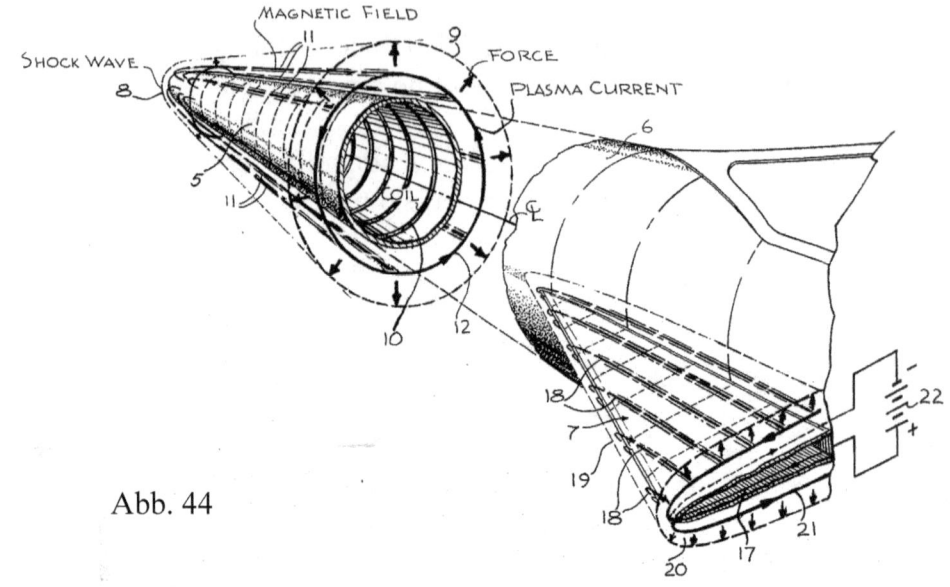

Abb. 44

Patent # 3,162,398 vom 22. Dezember 1964
Magnetohydrodynamic Control System
Erfinder: M.U. Clauser

Hier wird das bereits mehrfach im Buch beschriebene System zur elektromagnetischen Kontrolle von Plasma beschrieben, wie es u.U. auch in den Haunebus zum Einsatz kam.

Allerdings geht es bei dieser Erfindung nicht um sogenanntes Antriebsplasma, sondern um die Kontrolle von Plasma, das sich um einen Flugkörper herum befindet. Das Prinzip ist jedoch der Kontrolle des Antriebsplasmas ähnlich und kann beim Haunebu – in abgewandelter Form - dazu verwendet werden, eine Plasmablase zu kontrollieren, die das Schiff zum Schutz vor Sonnenwinden im Erdorbit umgibt.

Der Haunebu-Antrieb
So funktionier(t)en die legendären UFOs

Warum nicht einfach bauen?

> Der Gewinner sagt:
> „Es ist schwierig, aber es ist möglich."
> Der Verlierer sagt:
> „Es ist möglich, aber es ist zu schwierig."

Die Kernaussage dieses Buches ist: Eigentlich ist die Technologie, die als Triebwerk für die Haunebus fungiert, vergleichsweise einfach umzusetzen. Tatsächlich ist sie viel einfacher umzusetzen, als beispielsweise ein Kolbenmotor, der aus zigtausend Einzelteilen besteht, von denen jedes mit geringster Toleranz gefertigt sein muß.

Ein Plasmatriebwerk ist – verglichen mit einem Turbostrahltriebwerk oder einem Kolbenmotor – eher ein kleines Projekt.

Natürlich ist es kein Projekt, das man am Küchentisch oder in der Garage angehen könnte. Auch ist es kein Projekt, für das das technische Detailwissen eines Einzelnen ausreichen würde, von der Finanzierung einmal ganz zu schweigen.

Doch jeder Weg beginnt bekanntermaßen mit dem ersten Schritt. Dieser soll mit diesem Buch getan sein.

In diesem Buch finden Sie nicht nur die Grundlagen für einen Haunebu Antrieb – auch einen Teil der Erlöse, die

Der Haunebu-Antrieb
So funktionier(t)en die legendären UFOs

dieses Buch erwirtschaftet, fließen in ein Projekt, bei dem es um die praktische Umsetzung eines Haunebu Antriebs geht.

Der Autor Holger Erutan wird das Projekt begleiten und in einer regelmäßig erweiterten Buchreihe über den Fortschritt berichten. Ein Teil der Erlöse aus den Autorentantiemen wird jeweils für weiterführende Forschung und Nachbau eines Haunebuantriebs verwandt.

Bislang gelangen kleine, doch nichtsdestotrotz mutmachende Experimente, die die Behauptung dieses Buches belegen.

So gelang beispielsweise die Kontrolle eines Plasmaoids bereits im Modellversuch in einer ganz ähnlichen Weise, wie man das Plasma auch beim Haunebu kontrollieren würde.

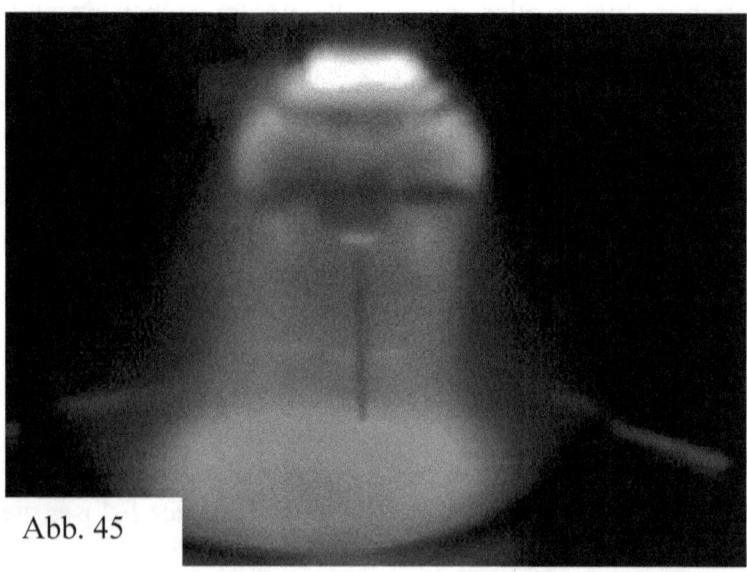

Abb. 45

Der Haunebu-Antrieb
So funktionier(t)en die legendären UFOs

Wie der weiter vorn beschriebene Versuch zur Erzeugung eines Plasmaoids mittels eines handelsüblichen Mikrowellenofens, so können Sie auch diesen Versuch zu Hause nachstellen. Allerdings benötigen Sie hierzu schon deutlich speziellere Gerätschaften. Die Abb. 46 zeigt den schematischen Aufbau.

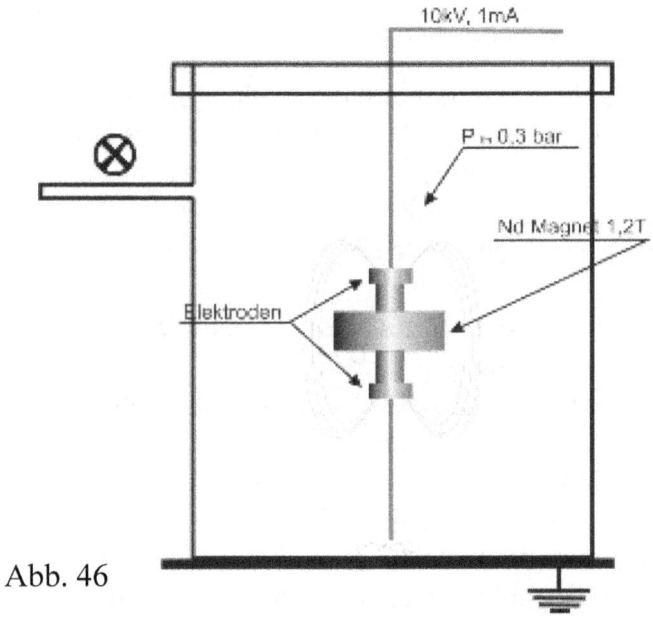

Abb. 46

Wie Sie in Abb. 45 sehen, wird das Plasma in eine bestimmte Form gezwungen. Was Sie auf dem Bild nicht sehen können, ist die Tatsache, daß es sich dabei mit sehr hoher Geschwindigkeit dreht.

Bislang wurden diese und ähnliche Versuche eher sporadisch und von Einzelpersonen – häufig auch von mir selber – mit recht bescheidenen Mitteln durchgeführt.

Der Haunebu-Antrieb
So funktionier(t)en die legendären UFOs

Auf diese Weise dürfte es einige Zeit dauern, bis der Haunebuantrieb so weit fertiggestellt ist, daß er seinen Namen wirklich verdient.

In Planung ist deshalb die Gründung eines Fördervereins mit dem Ziel, zunächst ein flugfähiges Modell zu konstruieren.

Wenn Sie Interesse daran haben, mitzuforschen und mitzuentwickeln, wenden Sie sich bitte per E-Mail an den Autor oder den Herausgeber dieses Buches.

erutan@raumflugcenter.de oder graef@raumflugcenter.de

Sie haben auch die Möglichkeit, sich auf der Webseite
http://www.raumflugcenter.de
für Mitarbeit und Mitgliedschaft zu registrieren.

Der Verein wird jedoch nicht alleine dem Zweck der Entwicklung eines funktionierenden Haunebu Antriebes dienen. Vielmehr forscht der Autor Holger Erutan bereits seit Jahren nach funktionstüchtigen Konzepten für die Nutzung freier Energie.

Insbesondere hat er sich intensiv mit dem Coler Stromerzeuger auseinandergesetzt und betreibt intensive Forschung mit dem Ziel der Herstellung eines funktionierenden Modells.

Der Haunebu-Antrieb
So funktionier(t)en die legendären UFOs

Glossar

A4
steht für Aggregat 4. Eine ballistische Rakete, die während des Zweiten Weltkriegs entwickelt wurde und die erste ballistische Großrakete der Welt. Die A4 flog mit Alkohol und Sauerstoff. Ihre Reichweite betrug ca. 300km, die sie in ca. 5 Minuten zurücklegte. Sie erreichte eine Geschwindigkeit von Mach 5 und war der Vorläufer aller heute bekannten Raum- und Atomraketen.

Adamski, George
Buchautor und Hobbyfotograf, der in den 50er Jahren des vergangenen Jahrhunderts, also kurz nach Beendigung des Zweiten Weltkrieges, mehrere Fotos von Flugobjekten machte, die dem Haunebu II stark ähnelten.

Alfven, Hannes
schwedischer Physiker und Nobelpreisträger. *30.05.1908, † 02.04.1995. Er befaßte sich intensiv mit den natürlichen Phänomenen des Plasmas, wie beispielsweise Polarlichtern und war der geistige Urvater der Magnetohydrodynamik.

Avrocar
eine von der kanadischen Firma Avro Aircraft Ltd. für die US Air Force konstruierte Flugscheibe für den bodennahen Einsatz nach Patenten von John Frost.

Carr, Otis T.
Tüftler und Erfinder der von ihm so getauften „Utron-

Der Haunebu-Antrieb
So funktionier(t)en die legendären UFOs

Technologie", mit der ein Raumschiff in weniger als einem Tag bis zum Mond und wieder zurück fliegen können soll.

Carr meldete am 10. November 1959 ein Patent unter dem Namen „Amusement Device" an, bei dem es sich um ein Spielzeugufo handelt. Patentnummer: 2912244

Coanda, Henri
Rumänischer Wissenschaftler, der maßgeblich an der Erforschung von Strömungsverhalten gasförmiger Stoffe entlang fester Stoffe gearbeitet hat und den sogenannten „Coanda-Effekt" herausfand.

Coler, Hans Kapitän z.S.
Erfinder des Coler Magnetstromapparates und des Coler Converters.

Coler Magnetstromapparat
Einziges Freie-Energie-Gerät, das nachweisbar und unbestritten funktioniert. Ist ohne den Stromerzeuger, dessen Aufzeichnungen verloren gingen, zur Energieversorgung jedoch ungeeignet.

DoStra
Andere Bezeichnung für Haunebu. Die Bezeichnung leitet sich von „Dornier Stratosphärengleiter" ab.

Epp, Andreas
Buchautor, der nach eigenem Bekunden an der Entwicklung früher Flugscheiben beteiligt gewesen ist. Erfinder einer als Omega Diskus bezeichneten Flugscheibe.

Der Haunebu-Antrieb
So funktionier(t)en die legendären UFOs

Fleißner, Heinrich
Luftfahrtingenieur, der nach eigenem Bekunden an der Entwicklung deutscher Flugscheiben mitarbeitete und nach Kriegsende eine Flugscheibe patentieren ließ.

Flügelräder
Bezeichnung einiger Hubscheiben-Prototypen, deren Gemeinsamkeit darin bestand, daß sie von einem, unter oder hinter der Pilotenkanzel befindlichen, einzelnen Strahltriebwerk, welches die „Flügelräder" in Drehung versetzte, angetrieben wurden. Nach einigen Quellen wurden diese Flugzeuge von BMW oder im BMW-Werk gebaut, nach anderen Quellen wurden BMW-Triebwerke verwendet. BMW besteitet jede Mitarbeit an diesen Flugzeugen.

Flugscheibe
gängige deutsche Bezeichnung für kreisrunde oder annähernd kreisrunde Flugzeuge. Wird hauptsächlich für die frühen Hubscheiben-Entwicklungen verwendet. Gilt in manchen Kreisen als „typisch rechte" Bezeichnung für UFOs.

Hamel, David
Kanadischer Staatsbürger, der ungefähr 1930 geboren wurde und nach eigenen Aussagen mehrfach von Außerirdischen entführt wurde. Er entwarf in den 80er Jahren des vergangenen Jahrhunderts mehrere Modelle auf Permanentmagnet-Basis, die bis heute allerdings nicht nachgebaut werden konnten.

Der Haunebu-Antrieb
So funktionier(t)en die legendären UFOs

Haunebu

Eine deutsche Flugscheibe der letzten Entwicklungsstufe. Typisch ist das glockenförmige Chassis.

Wird im Gegensatz zu den früheren Flugscheiben- und Raketenentwicklungen von offizieller Seite aus angezweifelt. Soll in drei Entwicklungsstufen gebaut worden sein, wobei die zweite dem „venusianischen Raumschiff" des George Admaski nahezu perfekt ähnelt.

Das letzte und größte Haunebu soll nach Kriegsende mehrere deutsche Ingenieure zu einem fremden Planeten befördert haben.

Hubscheiben-UFOs

Flugscheiben bzw. UFOs, welche – ähnlich wie ein Helikopter – mittels Rotorprinzip fliegen, diesen Rotor jedoch etwa auf halber Höhe der Kanzel angebracht haben, was ihnen das Aussehen eines UFOs verleiht.

Jenseitsflugmaschine

nach Ansicht esoterisch eingestellter Haunebu-Forscher war die Jenseitsflugmaschine der erste Versuchsaufbau in der Haunebuentwicklung.

Lazar, Robert

Buchautor, der nach eigenem Bekunden behauptet, auf einer geheimen Militärbasis gearbeitet zu haben und dort mit außerirdischer Technologie in Kontakt gekommen zu sein. Sein als „Sportsmodel" bezeichnetes UFO ist aufgrund einer auf der Erde nicht vorkommenden Komponente (Element 115) nicht herstellbar.

Der Haunebu-Antrieb
So funktionier(t)en die legendären UFOs

Magnetohydrodynamisches Stoßrohr
Ein Unterart der sogenannten „magnetohydrodynamischen Triebwerke", bei der Plasma mittels Lichtbogen zwischen Kathode und Anode erzeugt wird.

Miethe, Rudolf
deutscher Flugzeugingenieur, der maßgeblich am Bau der älteren Flugscheiben, bishin zum Vorläufer der Haunebus, mitgewirkt haben soll.

Miethe, Schriever, Habermohl, Beluzzo – UFO
das wahrscheinlich erste Flugscheibenmodell mit Plasmatriebwerken. Zahlreichen Aussagen zufolge ein Gemeinschaftsprojekt o.g. Ingenieure.

Plasmatriebwerk
Höchstwahrscheinlich das Triebwerk der echten Haunebus. Ein auf Rückstoß basierendes Triebwerk, bei dem zuerst ein Plasma erzeugt wird und dieses dann in einem Magnetfeld gehalten und beschleunigt wird, so daß eine beachtliche Schubkraft entsteht.

Raketentriebwerk
Ein sehr simples auf Rückstoß basierendes Triebwerk; eigentlich kaum mehr, als eine Bombe, deren gesamte Energie in eine Richtung gelenkt und als Schubkraft genutzt wird. Raketentriebwerke haben den großen Nachteil, daß sie nicht abgeschaltet werden können, nachdem sie gezündet wurden.

Der Haunebu-Antrieb
So funktionier(t)en die legendären UFOs

Raumschiff
Klassischerweise ein Flugzeug, mit dem Reisen außerhalb unserer Erdatmosphäre bzw. des Weltalls möglich sind. Hierzu sind besondere Eigenschaften vonnöten, die klassiche Flugzeuge üblicherweise nicht mitbringen.

Sack, Arthur
Ein deutscher Landwirt und Hobbybastler, der sich als einer der ersten Flugzeugbauer auf das Konzept der sogenannten Nurflügler konzentrierte. Er baute mehrere Flugzeugmodelle eines annähernd kreisrunden Flugzeuges mit Propellerantrieb, von denen jedoch keines über den Modellversuch hinauskam.
Arthur Sack bzw. seine Flugzeuge wurden eher zufällig bekannt, da er damit auf Modellflugzeugshows auftrat. Weder Sack noch seine Flugzeuge genossen jemals das Interesse der seinerzeitigen politischen Führung oder anderer Gruppierungen. Sacks Flugzeugmodelle waren höchstwahrscheinlich keine frühen Prototypen der späteren Flugscheiben.

Schauberger, Victor
Österreichischer Förster und Erfinder, der das natürliche Prinzip der Krümmung in seine Erfindungen einbaute und durch seine Holzschwemmanlagen zu Lebzeiten eine gewisse Berühmtheit erlangte. Schauberger konstruierte außerdem eine als „Repulsine" bezeichnete Maschine, die ursprünglich als Heimkraftwerk erdacht war, heute jedoch von vielen UFO-Forschern als das Grundlagenmodell der Haunebus und artverwandter UFOs angesehen wird.

Der Haunebu-Antrieb
So funktionier(t)en die legendären UFOs

Schriever
deutscher Luftfahrtingenieur, der maßgeblich am Bau der älteren Flugscheiben, bishin zum Vorläufer der Haunebus, mitgewirkt haben soll.
Schriever fertigte aus dem Gedächtnis heraus 1950 für einen Artikel des Magazins „Der Spiegel" eine Zeichnung einer Hubscheiben-Flugscheibe an.. Der Artikel erschien am 30. März 1950. Die Überschrift lautete: „Sie fliegen aber doch".

Searl, John
1932 geborener Erfinder, der behauptet, 1946 eine Apparatur, bestehend aus speziellen Permanentmagneten, gebaut zu haben, die sich von alleine in Rotation versetzte und schlußendlich abhob.

Strahltriebwerk
ein auf Rückstoß basierendes Triebwerk, das in Deutschland des Zweiten Weltkrieges bis zur praktischen Anwendbarkeit entwickelt wurde. Benötigt Sauerstoff aus der Umgebungsluft.

Thule-Gesellschaft
Eine zum Ende des ersten Weltkrieges durch Rudolf von Sebottendorff, Karl Haushofer und Lothar Weiz aus dem Germaniaorden gegründete Geheimgesellschaft, die nach einer mythologischen Insel benannt wurde. Ihre Existenz wird von offizieller Seite nicht angezweifelt.

UFO
steht für Unbekanntes Flug Objekt und bezeichnet alle

Der Haunebu-Antrieb
So funktionier(t)en die legendären UFOs

nicht identifizierten oder nicht identifizierbaren Objekte am Himmel. Landläufig auch als generelle Bezeichnung für außerirdische Raumschiffe verwendet.

V2
siehe A4. Die Bezeichnung steht für „Vergeltungswaffe 2"

von Braun, Wernher
Deutscher Ingenieur, der maßgeblich am Bau der ballistischen Rakete A4 (V2) beteiligt gewesen ist und maßgeblich durch seine in der Nachkriegszeit in den USA vollbrachten Leistungen bzgl. der frühen US-amerikanischen Weltraumraketen bekannt geworden ist.

Vril-Gesellschaft
recht zweifelhafte Geheimgesellschaft, die aus der Thule-Gesellschaft hervorgegangen sein soll und das durch Esoterik gewonnene Wissen der Thule-Gesellschaft praktisch umsetzen sollte.

Wasserstoffperoxid-Triebwerk
eine Sonderform des Raketentriebwerks. Hochkonzentriertes Wasserstoffperoxid wird durch einen Katalysator geleitet, wo es schlagartig zu überheißem Wasserdampf verdampft. Dieser Wasserdampf wird durch isolierte Rohre geleitet und liefert den Rückstoß des Antriebs.
Beim Wasserstoffperoxid-Triebwerk handelt es sich um eine gut erforschte, solide Technologie, die jedoch den großen Nachteil des immensen Treibstoffverbrauchs hat.

Der Haunebu-Antrieb
So funktionier(t)en die legendären UFOs

Bildnachweise

Abb.1, Abb.2, Abb.3 sowie Umschlag und Seite 3 Ausschnitt aus der Akte GK HB I 0012/02 der SS-Entwicklungsstelle IV, 1939

Abb.4 Nachstellung eines klassichen Adamski-Fotos durch den Autor.

Abb.5 Foto einer Haunebu-Lampe, im Besitz des Autors.

Abb.6 Nachstellung der Skizze „Jenseitsflugmaschine"

Abb.7 Abbildung eines Dokumentes zur Vril-Kraft. Quelle: Wikipedia

Abb.8 Abbildung einer Skizze des Coler Magnetstromapparates. Quelle: Final Report # 1043, The Invention of Hans Coler, Relating to an Alleged New Source of Power

Abb.9 Avrocar

Abb.10 AS2

Abb.11 Konstruktionszeichnung einer Flugscheibe auf Hubscheibenbasis. Aus dem Besitz des Autors.

Abb.12 Scan aus der Augsburger Neuen Presse vom 2. Mai 1980

Abb.13 Skizze der sogenannten „BMW Flügelräder", erstellt durch den Autor.

Abb.14 Aus Patentveröffentlichung Nr. 2939648

Abb.15 Aus Patentveröffentlichung Nr. 2939648

Abb.16 Aus Patentveröffentlichung DE2147668

Abb.17 Aus Patentveröffentlichung DE2147668

Abb.18 Aus Patentveröffentlichung DE2147668

Abb.19 Aus Patentveröffentlichung DE2147668

Abb.20 Bauplan für ein Pulsstrahltriebwerk, im Beitz des Autors

Abb.21 Schemazeichnung für ein Staustrahltriebwerk

Abb.22 Aus Patentveröffentlichung US3243144

Abb.23 Versuchsaufbau zur Erzeugung eines Plasmaoids in der Mikrowelle

Abb.24 Versuchsaufbau zur Erzeugung eines Plasmaoids in der

Der Haunebu-Antrieb
So funktionier(t)en die legendären UFOs

Mikrowelle
Abb.25 Versuchsaufbau zur Erzeugung eines Plasmaoids in der Mikrowelle
Abb.26 Schemazeichnung für eine Vorrichtung zur Erzeugung von Hydrogen und Sauerstoff aus Wasser.
Abb.27 Portraitzeichnung von Hannes Alfven
Abb.28 Aus Patentveröffentlichung US3322374
Abb.29 Aus Patentveröffentlichung US3322374
Abb.30 Schematischer Aufbau eines Plasmatriebwerks
Abb.31 Eingebautes Plasmatriebwerks im Haunebu, Schemazeichnung.
Abb.32 Verkleinerte Darstellung von Teilen eines Bauplanes zum Bau eines Coanda-UFOs, im Besitz des Autors.
Abb.33 Auszug aus Patentveröffentlichung. Die jeweilige Patentnummer ist neben der Abbildung angegeben.
Abb.34 Auszug aus Patentveröffentlichung. Die jeweilige Patentnummer ist neben der Abbildung angegeben.
Abb.35 Auszug aus Patentveröffentlichung. Die jeweilige Patentnummer ist neben der Abbildung angegeben.
Abb.36 Auszug aus Patentveröffentlichung. Die jeweilige Patentnummer ist neben der Abbildung angegeben.
Abb.37 Auszug aus Patentveröffentlichung. Die jeweilige Patentnummer ist neben der Abbildung angegeben.
Abb.38 Auszug aus Patentveröffentlichung. Die jeweilige Patentnummer ist neben der Abbildung angegeben.
Abb.39 Auszug aus Patentveröffentlichung. Die jeweilige Patentnummer ist neben der Abbildung angegeben.
Abb.40 Auszug aus Patentveröffentlichung. Die jeweilige Patentnummer ist neben der Abbildung angegeben.
Abb.41 Auszug aus Patentveröffentlichung. Die jeweilige Patentnummer ist neben der Abbildung angegeben.
Abb.42 Auszug aus Patentveröffentlichung. Die jeweilige Patentnummer ist neben der Abbildung angegeben.
Abb.43 Auszug aus Patentveröffentlichung. Die jeweilige

Der Haunebu-Antrieb
So funktionier(t)en die legendären UFOs

Patentnummer ist neben der Abbildung angegeben.

Abb.45 Versuch zur Steuerung von Plasma durch Magnetfelder.

Abb.46 Versuchsaufbau, schematisch

Quellenverzeichnis

1. Epp, Joseph Andreas: Die Realität der Flugscheiben. Michaels-Verl., Peiting 2002, ISBN 3-89539-605-2.
2. http://www.hohle-erde.de/cgi-bin/yabb/YaBB.pl?num=1073946733/0#0
3. http://www.hohle-erde.de/cgi-bin/yabb/YaBB.pl?num=1063655434/120#120
4. Jan van Helsing; „Geheimgesellschaften und ihre Macht im 20. Jahrhundert", erschienen im Ewert-verlag und zwischenzeitlich verboten.
5. http://www.hagalil.com/archiv/2005/06/schweden.htm, Bosse Schön, „Hitlers schwedische Soldaten"
6. http://www.hohle-erde.de/cgi-bin/yabb/YaBB.pl?num=1063655434/120

Der Haunebu-Antrieb
So funktionier(t)en die legendären UFOs

In Kürze im Buchhandel:

www.ingramcontent.com/pod-product-compliance
Lightning Source LLC
Chambersburg PA
CBHW050218230526
45470CB00001B/440